"十一五"国家重点图书
中国气象局科普项目资助
农村气象防灾减灾科普系列丛书

青贮饲料调制利用与气象

孙启忠 玉 柱 徐春城 马春晖 等 编著

气象出版社
China Meteorological Press

图书在版编目(CIP)数据

青贮饲料调制利用与气象 / 孙启忠等编著. —北京：气象出版社，2010.6

(农村气象防灾减灾科普系列丛书)

中国气象局科普项目资助

ISBN 978-7-5029-4996-9

Ⅰ. ①青… Ⅱ. ①孙… Ⅲ. ①气象-关系-青贮饲料-饲料加工-基本知识 Ⅳ. ①S816.5

中国版本图书馆 CIP 数据核字(2010)第 097257 号

青贮饲料调制利用与气象
Qingzhu Siliao Tiaozhi Liyou yu Qixiang

出版发行：	气象出版社
地　　址：	北京市海淀区中关村南大街 46 号
邮政编码：	100081
网　　址：	http://www.cmp.cma.gov.cn
E-mail：	qxcbs@263.net
电　　话：	总编室 010－68407112，发行部 010－68409198
策划编辑：	王元庆　崔晓军
责任编辑：	王元庆
终　　审：	汪勤模
封面设计：	博雅思企划
责任技编：	吴庭芳
责任校对：	石　仁
印　刷　者：	北京奥鑫印刷厂
开　　本：	787 mm×1 092 mm　1/32
印　　张：	4
字　　数：	106 千字
版　　次：	2010 年 6 月第 1 版
印　　次：	2010 年 6 月第 1 次印刷
印　　数：	1～5000
定　　价：	9.00 元

本书如存在文字不清、漏印以及缺页、倒页、脱页等，请与本社发行部联系调换

序

据统计,我国是世界上气象灾害最严重的国家之一,每年因各种气象灾害造成的农作物受灾面积达5 000万公顷,经济损失达2 000亿元以上。随着全球气候变暖,我国农业生产面临着更大的自然风险。

党的十七届三中全会指出,农业、农村、农民问题关系党和国家事业发展全局,并对加强农村防灾减灾能力建设,加强灾害性天气监测预警,提高灾害处置能力和农民避灾自救能力,开发气象预报预测和灾害预警技术,开发利用风能和太阳能,加强农业公共服务能力建设等方面都作出部署,提出了明确要求。党中央、国务院历来高度重视农业发展问题,自2004年以来已连续下发了五个关于"三农"问题的中央一号文件。2008年中央一号文件更明确提出,要充分发挥气象为农业生产服务的职能和作用。2008年6月23日胡锦涛总书记在两院院士大会上也指出,要将灾害预防等科技知识纳入国民教育,纳入文化、科技、卫生"三下乡"活动,纳入全社会科普活动,提高全民防灾意识、知识水平和避险自救能力。

近年来,中国气象局联合有关部门和单位始终坚持做好面向农村和农民的气象科普工作,积极动员全部门力量,组织开展各类科普活动,初步取得了良好的效果。面对农业生产和农村改革发展的新形势和新要求,气象部门始终坚持以新时期农业、农村和农民的实际需求为牵引，着力发展农村公共气象服务，充分发挥气象预报预警、气象防灾减灾、应对气候变化、气候资源开发利用等保障和促进农村经济社会发展的职能和作用。在中国气象局科普专项支持下，中国气象学会和气象出版社组织气象科普专家编写了《农村气象防灾减灾科普系列丛书》，该套丛书针对我国现代农业、农村、农民的特点，围绕社会主义新农村建设，从气象与农村生产、生活的关系及影响出发，突出气象服务与防灾的重点，以期把气象防灾科普知识送到千家万户，以增强农民群众防灾减灾意识，提高科学应对各种灾害的能力。该丛书面向农村、农民群众普及各类气象灾害常识和防御要点，针对性强、通俗易懂，将通过"农家书屋"工程等渠道向全国发放。

中国气象局将不断努力，在逐步增强广大农民群众气象防灾减灾、应对气候变化科学意识和提高农民群众气象科学素质等方面发挥气象部门的应有作用，为保障人民群众生命财产安全和农村社会经济可持续发展，为推进社会主义新农村建设、构建和谐社会作出更大的贡献。

郑国光

（中国气象局局长）
2008年10月

目 录

序

1. 什么是青贮 …………………………………………(1)
2. 什么是青贮饲料 ………………………………………(1)
3. 青贮饲料有哪些特点 …………………………………(1)
4. 按青贮方法分哪几种青贮类型？其特点是什么 ……(4)
5. 按青贮原料组成和营养特性分哪几种青贮类型？
其特点是什么 …………………………………………(5)
6. 按青贮原料含水量高低分哪几种青贮类型？其特点是
什么 ……………………………………………………(5)
7. 按青贮原料形状分哪几种青贮类型？其特点是什么
………………………………………………………………(7)
8. 按青贮容器分哪几种青贮类型？其特点是什么 ……(8)
9. 按发酵酸分哪几种青贮类型？其特点是什么 ………(8)
10. 常规青贮饲料的原理是什么 …………………………(8)
11. 半干青贮饲料的原理是什么 …………………………(10)
12. 添加剂青贮饲料的原理是什么 ………………………(10)
13. 原料水分含量对青贮饲料品质有什么影响 …………(11)
14. 原料糖分含量对青贮饲料品质有什么影响 …………(12)
15. 原料的缓冲能力对青贮饲料品质有什么影响 ………(12)
16. 影响牧草缓冲能力的主要因素有哪些 ………………(13)
17. 厌氧环境对青贮饲料品质有什么影响 ………………(14)
18. 发酵温度对青贮饲料品质有什么影响 ………………(14)
19. 影响发酵温度高低的主要因素是什么 ………………(15)

20. 切短或粉碎对青贮饲料品质有什么影响 …………… (15)
21. 装填速度对青贮饲料品质有什么影响 …………… (15)
22. 青贮添加剂对青贮饲料品质有什么影响 …………… (16)
23. 气象因素对青贮饲料品质有什么影响 …………… (17)
24. 影响青贮发酵品质的其他因素有哪些 …………… (19)
25. 青贮设施的种类有哪些 ………………………………… (20)
26. 对青贮设施的基本要求是什么 ………………………… (22)
27. 不同形状的青贮窖有什么特点 ………………………… (23)
28. 如何计算青贮窖的藏量 ………………………………… (24)
29. 什么是青贮壕 …………………………………………… (25)
30. 青贮壕有什么特点 ……………………………………… (25)
31. 如何计算青贮壕的藏量 ………………………………… (26)
32. 什么是地面青贮堆？其特点是什么 …………………… (27)
33. 什么是青贮塔？其特点是什么 ………………………… (28)
34. 什么是青贮塑料袋？其特点是什么 …………………… (29)
35. 什么是拉伸膜裹包青贮？其特点是什么 ……………… (30)
36. 对青贮设施的容量和大小有什么要求 ………………… (31)
37. 选择青贮原料收获机械的原则有哪些 ………………… (32)
38. 青贮原料收获机械的种类有哪些 ……………………… (33)
39. 青贮原料切碎机的种类有哪些？其特点是什么 ……… (33)
40. 如何选择与搭配青贮原料 ……………………………… (37)
41. 如何清理青贮设施 ……………………………………… (38)
42. 清理青贮设施的注意事项有哪些 ……………………… (38)
43. 青贮饲料制作工艺流程是什么 ………………………… (39)
44. 如何做到青贮原料的适时收割 ………………………… (39)
45. 如何检测青贮原料的含水量 …………………………… (40)
46. 如何调节青贮原料的含水量 …………………………… (42)

47. 青贮原料的收割方法有哪些 …… (43)
48. 如何及时运输青贮原料 …… (44)
49. 青贮原料切碎的目的是什么 …… (44)
50. 青贮原料切碎的长度取决于什么 …… (45)
51. 如何装填和压实青贮原料 …… (45)
52. 装填和压实的注意事项有哪些 …… (46)
53. 青贮窖器的密封方法有哪些 …… (47)
54. 青贮饲料制作中的损失有哪些 …… (48)
55. 制作青贮饲料的注意事项有哪些 …… (49)
56. 开窖前的管理有哪些 …… (51)
57. 如何进行开窖 …… (52)
58. 开窖后的管理有哪些 …… (53)
59. 开窖后如何鉴定青贮饲料品质 …… (53)
60. 什么是二次发酵 …… (54)
61. 产生二次发酵的原因有哪些 …… (54)
62. 二次发酵对青贮饲料有哪些影响 …… (54)
63. 防止二次发酵的方法有哪些 …… (55)
64. 青贮样品采集与保存的原则是什么 …… (57)
65. 青贮饲料品质的鉴定方法有哪些 …… (58)
66. 青贮失败的原因有哪些 …… (61)
67. 取料的方法是什么 …… (63)
68. 取料时应注意什么 …… (63)
69. 如何饲喂青贮饲料 …… (64)
70. 如何计算青贮饲料饲喂量 …… (65)
71. 饲喂青贮饲料的注意事项有哪些 …… (66)
72. 拉伸膜裹包青贮技术的应用如何 …… (68)
73. 拉深膜裹包青贮的优点有哪些 …… (69)

74. 拉伸膜裹包青贮的缺点有哪些 …………………………（71）
75. 拉伸膜裹包青贮如何作业 …………………………………（71）
76. 拉伸膜裹包青贮贮藏管理的原则有哪些 ………………（72）
77. 捆裹青贮注意事项有哪些 …………………………………（73）
78. 什么是全混合日粮(TMR) …………………………………（74）
79. 什么是 TMR 青贮？其特点是什么 ………………………（75）
80. TMR 青贮调制的基本要求有哪些 ………………………（76）
81. 全混合日粮(TMR)技术的优点有哪些 …………………（76）
82. 全混合日粮(TMR)技术的缺点有哪些 …………………（78）
83. 如何选择 TMR 青贮饲料的原料 …………………………（79）
84. 如何选择 TMR 青贮饲料配套设备 ………………………（79）
85. 如何调制 TMR 青贮饲料 …………………………………（80）
86. TMR 青贮饲料的贮藏方法有哪些 ………………………（81）
87. TMR 青贮贮藏和运输时的注意事项有哪些 ……………（83）
88. 玉米青贮现状如何 …………………………………………（83）
89. 青贮玉米的品种有哪些 ……………………………………（84）
90. 选择青贮玉米品种时应注意哪些因素 ……………………（85）
91. 如何确定不同青贮玉米品种的收割时期 …………………（86）
92. 青贮玉米切碎的注意事项有哪些 …………………………（87）
93. 如何装填与压实青贮玉米 …………………………………（88）
94. 青贮玉米的密封方法和注意事项有哪些 …………………（89）
95. 不同切碎方法对青贮效果有何影响 ………………………（89）
96. 制作玉米青贮饲料应注意什么问题 ………………………（90）
97. 青贮饲料喂奶牛有何讲究 …………………………………（91）
98. 苜蓿青贮的优点是什么 ……………………………………（92）
99. 如何选择苜蓿青贮方法 ……………………………………（93）
100. 苜蓿切碎青贮的操作流程和注意事项有哪些 …………（93）

《农村气象防灾减灾科普系列丛书》

编委会

主 编：沈晓农

副主编：李 慧 王春乙 刘燕辉

编 委（以姓氏笔画为序）：

　　　王元庆　王存忠　刘文泉

　　　成秀虎　吴建忠　张　斌

　　　陈　烨　林方曜　崔晓军

《青贮饲料调制利用与气象》
分册编写人员

主　编：孙启忠　玉　柱　徐春城　马春晖

参编人员（以姓氏笔画为序）：

马春晖　王晓力　玉　柱　孙启忠

孙娟娟　李　峰　张晓庆　柳　茜

赵淑芬　高凤芹　徐丽君　徐春城

陶　雅　韩建国

101. 整株苜蓿青贮的特点是什么 …………………………（97）
102. 苜蓿草捆青贮技术的包装方式有哪些？其特点
　　是什么 …………………………………………（97）
103. 如何进行苜蓿的混贮 ……………………………（99）
104. 如何使用苜蓿青贮添加剂 ………………………（99）
105. 苜蓿青贮质量评价方法有哪些 …………………（100）
106. 怎样利用苜蓿青贮饲料 …………………………（101）
107. 禾草适宜收获期及其含水量有何要求 …………（102）
108. 如何选择禾草青贮方法 …………………………（103）
109. 禾草青贮的注意事项有哪些 ……………………（103）
110. 常见青贮灌木和半灌木原料有哪些 ……………（103）
111. 如何收获灌木和半灌木青贮原料 ………………（104）
112. 灌木和半灌木青贮加工方法有哪些 ……………（104）
113. 适合灌木和半灌木青贮的含水量是多少 ………（104）
114. 灌木和半灌木青贮效果如何 ……………………（105）
115. 制作灌木和半灌木青贮设施有哪些 ……………（107）
116. 调制灌木和半灌木青贮的技术有哪些 …………（107）
117. 灌木和半灌木青贮贮后管理应注意什么 ………（109）
118. 灌木和半灌木青贮饲料品质鉴定的方法有哪些
　　…………………………………………………（109）
119. 甜菜渣青贮原料特点与来源有哪些 ……………（111）
120. 如何选择甜菜渣青贮方法 ………………………（112）
121. 甜菜渣青贮原料混合比例是多少 ………………（112）
122. 甜菜渣青贮装窖的方法是什么 …………………（112）
123. 如何利用甜菜渣青贮 ……………………………（113）
124. 玉米秸秆青贮的特点是什么 ……………………（113）
125. 如何选择玉米秸秆青贮方法 ……………………（114）

126. 玉米秸秆适时收获时期是什么时候 …………… (114)
127. 如何调节玉米秸秆含水量 ……………………… (114)
128. 如何添加玉米秸秆青贮添加剂 ………………… (115)
129. 秸秆混贮的方法是什么 ………………………… (116)
参考文献………………………………………………… (116)

1. 什么是青贮

青贮是指在密封条件下,使青绿饲料在相当长的时间内保持其质量相对不变的一种保鲜技术。它是一种通过发酵来贮藏和调制饲料的有效方法。

2. 什么是青贮饲料

青贮饲料就是把新鲜的青绿饲料进行适当的加工(如切短)处理后,装填到密闭的青贮容器中,经过微生物的发酵作用而调制成的一种柔软多汁、具有芳香气味、营养丰富、适口性好,耐贮藏的多汁饲料。

3. 青贮饲料有哪些特点

(1)原料来源丰富:青贮饲料的原料来源广泛。在农村牧区,凡是无毒、无害的绿色植物(草类、灌木、半灌木、树枝落叶)或农作物秸秆、工业副产品(如甜菜渣、酒渣、茶渣)和农副产品(甘薯、萝卜叶、甜菜叶)等都是调制青贮饲料的原料,这些原料经过青贮调制后可变为家畜的良好粗饲料。

(2)原料成本较低:一般青贮饲草都较耐粗放管理,在生产过程中投入较少,但产出较高,如1公顷的饲用青贮玉米可得到相当于2公顷的普通玉米的饲料量。在土地和耕作条件相对一致的情况下,青贮玉米比籽实玉米每公顷多收入530多元,多生产可消化蛋白53公斤。青贮饲料的饲养优势也十分明显,喂青贮玉米的奶牛产奶量要高于不喂青贮玉米奶牛的产奶量。

(3)饲料营养损失少:青贮饲料能有效地保存青绿植物的营养成分。一般青绿植物在成熟和晒干后,营养损失30%左右,若在晾晒过程中,遇到雨水淋湿或发霉变质,则损失更大。青绿植物原料若能适时青贮,其营养成分一般损失10%左右,还能较多地保存青绿植物中的蛋白质和维生素。如新鲜的甘薯藤,每公斤干物质中含有158.2毫克胡萝卜素,青贮8个月后,仍可保留90毫克,但晒成干草后只剩2.5毫克,损失率达98%以上。其他营养成分,也有类似变化趋势。

在一般青贮条件下,玉米秸秆青贮后比风干后的秸秆粗蛋白高1倍,粗脂肪高4倍,而粗纤维低7.5个百分点(表1)。

表1 玉米秸青贮与风干营养成分比较(占干物质%)

玉米秸	粗蛋白	粗脂肪	粗纤维	无氮浸出物	粗灰分
干玉米秸	3.94	0.90	37.60	48.09	9.46
青贮玉米秸	8.19	4.60	30.13	47.30	9.74

(4)适口性好:饲草经过青贮后,不仅养分损失少,而且质地柔软多汁,具有芳香气味,能显著提高适口性,增进家畜食欲。有些具有特殊气味或质地较硬的饲草,经青贮发酵后异味消失、质地变软,由不喜食变为喜食。青贮料对提高家畜日粮内其他饲料的消化也有良好的促进作用。同类饲草制成的青贮饲料和干草相比较,青贮饲料消化率有提高趋势(表2)。

表2 青贮与干草消化率比较　　　　单位:%

饲草料	干物质	粗蛋白	粗脂肪	粗纤维	无氮浸出物
青贮饲料	69	63	68	72	75
干草	65	62	53	65	71

(5)可长期保存:青贮饲料调制成功后,不受气候和外在环境条件的影响,只要厌氧条件不改变(封闭严密、不开封、不透气)可长期保存不变质,保存条件好的可达20年以上。饲草青贮,特别是青绿的农作物秸秆青贮起来,可解决冬春季节家畜饲草料缺乏的问题。青贮饲料管理恰当仍可保持青绿饲料的水分、维生素含量、颜色青绿等优点,可以四季供给家畜青绿多汁饲料。我国北方气候寒冷、生长期短,青绿饲料生产受限制,整个冬春季节都缺乏青绿饲料,把夏、秋季多余的青绿饲料以青贮的形式保存起来,供冬春季利用,可以弥补青绿饲料供应的不平衡,做到青绿多汁饲料长年均衡供应,解决了冬春季家畜缺乏青绿饲料的问题。

(6)可以消灭害虫:很多危害农作物的害虫,多寄生在收割后的秸秆上越冬,把这些秸秆铡碎青贮,由于青贮窖里缺乏氧气,且酸度较高,就可将许多害虫的幼虫或虫卵杀死。例如,玉米螟的幼虫,多半潜伏在玉米秸秆内越冬,到第二年便孵化成玉米螟继续繁殖危害。为了防治玉米钻心虫,人们曾提出过多种处理办法,其中青贮处理法也是比较有效的措施之一。经过青贮的玉米秸秆,玉米钻心虫会全部失去生活能力。还有许多杂草的种子,经过青贮后便可失去发芽能力,因此青贮对减少杂草的滋生也可起一定作用。

(7)设备简单:调制青贮饲料不需要昂贵的设备和高超的技术,村村屯屯、家家户户都能办到。从目前农村的实际情况看,只要挖个坑或掘条沟,或有一块塑料布,或几个塑料袋,就能调制。青贮技术简单易懂,只要掌握操作要领,青贮就能成功。没有青贮设备,也可用缸、罐、桶等小的容器青贮。用渍酸菜的大缸,贮满一缸野菜野草青贮饲料,可供三四头猪吃三四天,既简便,又省工。青贮饲料占地不像干草那样大,特别是袋装青贮和地面覆盖青贮,占地小,方便灵活。

(8)生产不受季节限制:在我国调制干草的季节,绝大多数地区正处于雨季,由于目前调制干草都是利用阳光自然晒制,往往不等晾晒好就被雨浇湿,造成牧草品质下降,不仅营养物质遭到损失,消化率也大大降低。青贮饲料的生产就不受季节和气候的限制,什么时候有青贮原料,什么时候就可以进行青贮。

4. 按青贮方法分哪几种青贮类型? 其特点是什么

(1)常规青贮:目前广大的农村牧区进行的青贮多数都采用这种方法。它的实质就是收割后,立即在缺氧条件下贮存。在缺氧环境中,让乳酸菌大量繁殖,从而将饲料中的淀粉和可溶性糖变成乳酸;当乳酸积累到一定浓度后,便抑制腐败菌等的生长,这样就可以把青贮的养分长时间地保存下来。

(2)特殊青贮:①添加剂青贮 由于原料的特性或饲养的需要等原因,在青贮时添加一些物质以更有利于青贮饲料的保存或改善、提高青贮饲料品质的一种青贮技术。目前使用的青贮添加剂达200余种,国外65%的青贮饲料均使用添加剂。②水泡青贮 又叫清水发酵饲料或酸贮饲料,是一种短期保存青绿饲料的简易方法。用干净的水浸没青贮原料,充分压实造成缺氧环境,以达到保存青贮原料的目的。这种饲料略带酸味和酒味,质地较软,适口性好,猪爱吃。但是,因可溶性养分容易溶于水中流失,养分损失大,目前基本上不用这种方法青贮。

5. 按青贮原料组成和营养特性分哪几种青贮类型？其特点是什么

(1) 单一青贮：对于那些符合青贮基本条件的原料，不添加任何其他物质进行单独青贮的一种方法。禾本科或其他含糖量高的青绿饲料常采用此法。

(2) 混合青贮：由于青贮原料不符合青贮的基本条件，通过添加其他原料使青贮原料的总体条件符合青贮的基本要求后再进行青贮，这种青贮称为混合青贮。采用混播收获的青绿饲料，如紫云英和黑麦草混播，所进行的青贮也是混合青贮。通过混合青贮所得的青贮饲料，饲用价值有了较大的提高。生产上常用的混合青贮主要有两种：一是含水量较高（70%以上）的青贮原料，与秸秆、饼粕类等含水量低的原料混合青贮，使原料的含水量符合青贮要求，并可以防止青贮时汁液的外流而造成的营养损失；二是含糖量低的豆科牧草与禾本科牧草混合青贮，提高青贮原料的总体含糖量，满足青贮要求。

(3) 配合青贮：在满足青贮基本要求的前提下，按照家畜对各种营养物质的要求，将多种青贮原料进行科学合理的搭配，贮存于密封容器内的青贮法。配合青贮饲料的营养价值较高。

6. 按青贮原料含水量高低分哪几种青贮类型？其特点是什么

可划分为高水分青贮、凋萎青贮和低水分青贮，见表3。

表3 原料含水量与青贮

青贮种类	原料含水量	青贮原理	青贮过程中存在的问题
高水分青贮	70%以上	依赖乳酸发酵	如果原料中含糖量少,容易引起酪酸发酵;因排汁而引起的养分损失大
凋萎青贮	60%~70%	依赖乳酸发酵	高水分青贮中存在的问题有所缓解,但受天气影响
低水分青贮	45%~60%	通过降低水分,抑制酪酸发酵	需要密封性强的青贮容器;受气候影响;晒干过程中养分损失稍大

(1)高水分青贮:被刈割的青贮原料未经田间干燥即行贮存,一般情况下含水量在70%以上。这种青贮方式的优点为牧草不经晾晒,减少了气候影响和田间损失。其特点是作业简单,效率高。但是为了得到好的贮存效果,水分含量越高,越需要达到更低的pH值。高水分对发酵过程有害,容易产生品质差和不稳定的青贮饲料。另外由于渗透,还会造成营养物质的大量流失,以及增加运输工作量。为了克服高水分引起的不利因素,可以添加一些能促进乳酸菌发酵或抑制不良菌发酵的添加剂,促使其发酵理想。

(2)凋萎青贮:20世纪40年代初期在美国等国家广泛应用的凋萎青贮技术,至今在牧草青贮中仍然使用。在良好干燥条件下,经过4~6小时的晾晒或风干,使原料含水量达到60%~70%,再捡拾、切碎、入窖青贮。将青贮原料晾晒,虽然干物质、胡萝卜素损失有所增加,但是,由于含水量适中,即可抑制不良微生物的繁殖而减少酪酸发酵引起的损失,又可在一定程度上减轻流出液的损失。适合凋萎的青贮料无需任何添加剂。此外,凋萎青贮含水量低,减少了运输工作量。

(3)低水分青贮:也称半干青贮。主要应用于牧草(特别是豆科牧草),通过降低水分,抑制不良微生物的繁殖和酪酸发酵而达到稳定青贮饲料品质的目的。为了调制高品质的半干青贮饲料,首先通过晾晒或混合其他饲料使其水分含量达到半干青贮的条件,应用密封性强的青贮容器,切碎后快速装填。低水分青贮料制作的基本原理是:青贮料刈割后,在地里晾晒 1~2 天,使原料的水分含量降到 45%~50% 时,再进行青贮。在这种情况下,腐败菌、酪酸菌以至乳酸菌的生命活动接近于生理干燥状态,生长繁殖受到限制。因此,在青贮过程中,青贮原料中糖分的多少,最终 pH 值的高低已不起主要作用,微生物发酵微弱,有机酸形成数量少,碳水化合物保存良好,蛋白质不被分解。虽然霉菌在风干植物体上仍可大量繁殖,但在切短压实和青贮厌氧条件下,其活动也很快停止。

7. 按青贮原料形状分哪几种青贮类型? 其特点是什么

(1)切短青贮:在调制青贮时,视青贮原料和饲喂家畜的不同,将原料切成小段,一般切碎长度为 1~2 厘米,以利于青贮时青贮原料被充分压紧,形成密闭、高度缺氧的环境,有利于青贮的成功和提高青贮饲料的品质。目前在所有青贮方法中,青贮原料一般都是切短后再实施青贮。

(2)全株青贮:将收割后的青贮原料不切短,直接进行青贮的方法。此方法多在劳力紧张、青贮机械不足和收割季节短暂等情况下采用。这种青贮法不利于青贮原料的充分压实,会影响青贮料的品质,要注意充分压实,必要时可配合使用添加剂,以保证青贮饲料的质量。目前主要用于草捆青贮。

8. 按青贮容器分哪几种青贮类型？其特点是什么

（1）固定容器青贮：固定容器的青贮是指利用青贮窖、青贮壕、青贮塔等建筑物进行青贮。这类青贮的特点是：青贮量大、质量优、青贮容易成功，适合于大型养殖场，但投资大、占地多、难移动。目前，大量的青贮基本都是这种类型。

（2）非固定容器青贮：每次青贮时，无需固定的青贮容器，这类青贮主要包括塑料袋青贮、堆式青贮、拉伸膜裹包青贮等。其特点是占地少，取用、贮存、移动方便。随着青贮技术的改进提高，这类青贮方式逐渐被推广。

9. 按发酵酸分哪几种青贮类型？其特点是什么

根据青贮调制过程中预处理方法的差异、主导发酵菌的不同以及青贮料的优劣可将青贮类型分为乳酸青贮、乙酸青贮、酪酸青贮、变质青贮、半干半湿青贮等。

10. 常规青贮饲料的原理是什么

常规青贮要求原料含水量达到 $60\%\sim75\%$，是最常见的一种青贮方法。在青贮原料上，常常会附着大量的微生物，这些微生物有些是对青贮发酵有利的，而有些是不利的。对青贮有利的微生物主要是乳酸菌，这种微生物的生长繁殖要有湿润、厌氧的环境，并要有一定数量的糖类物质；对青贮不利的有腐生菌等多种微生物,它们大部分是耗氧和不耐酸的菌类。青贮就是利用微生物这一特点,充分创造能使乳酸菌大量生长、繁殖的缺氧环境,使淀粉和可溶性糖转化成乳酸,当乳酸积累到一定浓度后,pH值降至4.0左右,达到抑制腐生菌生长繁殖的目的,这样就可以把青贮料的养分长期保存下来。

青贮原料装入青贮窖器(如青贮窖、青贮塔等)的最初几天,乳酸菌的数量很少,远比不上腐生菌的数量多。但几天后,当氧气耗尽,青贮容器内一旦形成厌氧环境,乳酸菌的数量会逐渐增加,并变为优势菌群,青贮发酵就开始了。由于乳酸菌能将原料中的糖类变为乳酸,所以乳酸浓度不断增加,达到一定量时即可抑制其他微生物活动,特别是腐生菌在酸性环境下很快死亡,而乳酸菌也会随着青贮饲料pH值的不断降低而停止活动。在这个阶段,产生酸,降低pH值,阻止微生物进一步活动,当乳酸积累到青贮饲料湿重的$1.5\%\sim2.0\%$,pH值为$4.0\sim4.2$时,青贮料在厌氧和酸性环境下成熟,青贮发酵过程结束,此时,青贮就处于稳定阶段,只要不开窖,保持厌氧状态,青贮饲料品质可保持数年不变。

青贮的质量和发酵产物由青贮原料的特性和其中起支配作用的微生物决定。在青贮发酵过程中,由于特定的厌氧性微生物的作用,主要产生了3种酸:乳酸、醋酸(乙酸)、酪酸(丁酸)。这3种酸是糖分在不同的微生物作用下分别产生的,虽然醋酸和酪酸在发酵过程中也起一些作用,但有很强烈的刺激性气味,应该尽量减少这两种酸的生成。好的青贮是在乳酸菌的作用下产生乳酸和乙酸,青贮饲料有浓郁醇香气味。乳酸产生得越多,pH值也越低,其他杂菌就越少,最后在pH值小于或等于4.2的环境中,乳酸菌的繁殖被自身所产生的酸所抑制。

11. 半干青贮饲料的原理是什么

半干青贮又叫低水分青贮,是在常规青贮技术原理和方法的基础上发展起来的新技术,它的原理是原料水分含量低,使原料的含水量降到 40%~50% 再进行厌氧贮存。这种风干原料对腐生菌、丁酸菌和乳酸菌,均可造成生理干燥状态,使其生长受到限制。因此,在青贮过程中,微生物发酵弱,蛋白质不被分解,有机酸形成量少。虽然有些微生物如霉菌等在风干饲草内还可能大量繁殖,但在切短压实的厌氧条件下,其活动很快停止。因此,半干青贮仍需在高度厌氧条件下进行。

由于半干青贮是微生物处在干燥状态及微生物繁殖受到限制的条件下青贮,所以青贮原料中的糖分或乳酸的多少以及酸碱度的高低,对半干青贮已无关紧要,从而较常规青贮法扩大了原料的范围,过去认为不宜青贮的豆科牧草也都可以顺利青贮。

12. 添加剂青贮饲料的原理是什么

添加剂青贮又叫外加剂青贮,主要是借助添加剂对青贮发酵过程的控制,减少发酵中由于微生物的活动而造成青贮料的养分损失,从而获得优质的青贮饲料。添加剂主要是通过 3 个方面来影响青贮饲料的发酵。一是促进乳酸发酵,如添加各种可溶性糖、接种乳酸菌、酶制剂等,可迅速产生大量乳酸,使 pH 值很快降到 3.8~4.2;二是抑制不良发酵,如添加各种抑制剂，防止腐生菌等不利于青贮的微生物的生长；三是提高青贮饲料营养物质的含量，如添加尿素、氨化物等，可增加蛋白质。添加剂青贮的优点，可以将常规青贮法难于青贮的原料加以青贮利用，从而扩大了青贮原料的范围。

13. 原料水分含量对青贮饲料品质有什么影响

调制青贮时原料水分含量的多少是决定青贮饲料质量的关键环节之一，且适宜的水分含量也是保证青贮过程中乳酸菌正常活动的安全条件之一，水分过多或过少都会影响发酵过程和青贮饲料的品质。水分过多，可能造成原料中糖分和汁液的过度稀释，不能抑制腐生菌和丁酸菌的生长繁殖，导致青贮料腐烂，而且还会产生大量的渗出液，引起养分损失；水分过低，青贮原料过干，青贮时难以踩实压紧，空气难以排净，原料间隙留有较多空气，造成好氧菌的大量繁殖，引起青贮料发霉腐烂。

一般青贮原料水分含量在65%～75%为宜。但青贮原料适宜含水量因原料的种类和质地不同而有差异，质地粗硬的原料含水量可以高达78%～82%，收割早、幼嫩、多汁、柔软的原料含水量为60%左右为好；原料的种类不同，其青贮所要求的水分含量也不尽相同，豆科牧草含水量以60%～70%为宜，禾本科牧草含水量可高达72%～82%。青贮原料的水分含量直接影响青贮的效果，当水分含量从80%降低到65%时，奶牛对干物质的日采食量由10.5公斤提高到15.0公斤。

14. 原料糖分含量对青贮饲料品质有什么影响

适宜的含糖量是乳酸菌发酵的营养物质基础,原料含糖量的多少直接影响到青贮效果的好坏。青贮原料中含糖量越高,乳酸菌繁殖越快,产生的乳酸就越多,有害微生物被有效抑制不能生长繁殖;反之,如果青贮原料中含糖量少,乳酸菌繁殖较慢,产生乳酸菌少,有害微生物不能被有效抑制,青贮原料就会霉烂变质。所以,为了达到乳酸菌迅速繁殖的目的,青贮原料中糖分的含量不宜低于鲜重的 1.0%～1.5%。

含糖量的高低因青贮原料不同而有差异,如青贮玉米、高粱、禾本科牧草等饲草,含糖量较高,易于青贮,而含蛋白质较高的豆科饲草,如苜蓿、三叶草等,含糖量相对较低,青贮时要求的技术含量也较高,可与禾本科牧草按一定比例混贮,或外加青贮剂,如糖蜜等,以增加含糖量。

15. 原料的缓冲能力对青贮饲料品质有什么影响

青贮原料的缓冲能力,也就是饲草青贮后抗御 pH 改变的能力,是影响青贮饲料调制品质的主要因素。缓冲能力的高低将直接影响青贮饲料的发酵品质,缓冲能力越高,pH 值下降越慢,青贮发酵也就越慢,营养物质的损失也越多,其品质就越差。一般认为,青贮原料的缓冲能力多要依赖于有机酸及盐的含量,蛋白质的贡献率占 10%～20%。青贮原料的缓冲能力与粗蛋白含量有关,二者成正比关系,不同饲草或原料,随生育期的变化缓冲能力也在变化,如豆科牧草、多年生黑麦草、鸭茅等牧草的缓冲能力较玉米、高粱等饲草强。苜蓿是豆科牧草的代表植物,其可溶性碳水化合物含量低,蛋白质含量高,缓冲能力高,在青贮发酵过程中不易形成较低的pH环境。这样对蛋白质有较强分解作用的梭菌将氨基酸通过脱氨或脱羧作用形成氨,对糖类有强分解作用的梭菌降解乳酸作用生成具有腐臭味的丁酸、CO_2 和 H_2O。适宜水平的可溶性碳水化合物含量是克服高的缓冲能力、确保青贮发酵品质、获得优质青贮的前提条件,因此,缓冲能力较高的饲草在制作青贮时,可添加一些富含糖类的物质,如糖蜜,或与含糖量相对较高的饲草进行混合青贮,如豆科牧草与禾本科牧草或青贮玉米等进行混合青贮。

16. 影响牧草缓冲能力的主要因素有哪些

(1)饲草种类:饲草的缓冲能力因其种类不同而有差异,豆科饲草的缓冲能力比禾本科饲草高。由于禾本科饲草含有柠檬酸和苹果酸等有机酸,青贮期间一些酸经发酵可生成乳酸、乙酸、甲酸和乙醇等;而豆科饲草粗蛋白含量高于禾本科饲草,因此,豆科饲草的缓冲能力高于禾本科牧草,如黑麦草的缓冲能值为250~400毫克当量/公斤,紫花苜蓿和三叶草的缓冲能值为500~600毫克当量/公斤。一些夏季作物特别是玉米,具有较低的缓冲能力。

(2)有机酸与蛋白质:在4~6的pH值范围内,青贮饲料缓冲能的70%~80%靠有机酸盐、磷酸盐、硫酸盐、硝酸盐和氯化物维持,植物蛋白质的缓冲作用占10%~20%。

(3)生长期:随着饲草成熟,缓冲能力下降。
(4)氮肥:施用氮肥可以提高缓冲能力。

17. 厌氧环境对青贮饲料品质有什么影响

青贮时窖内的氧气含量是保证青贮能否成功的关键因素。当装填不严时,窖内空气过多,氧化作用强烈,微生物产生的热量过多,不利于乳酸菌的繁殖,而腐败菌、霉菌等好氧性微生物的活动加强,营养成分损失增强,引起青贮饲料变质。因此,要特别注意原料切碎长度、填装时的镇压和封窖时的覆盖压实工作。切碎长度因原料的种类不同有所不同,一般青贮原料的切碎长度控制在1~2厘米为宜,原料的切碎长度影响青贮的镇压效果,对填装在窖内的原料要及时压紧压实(每立方米为550~600公斤),密封越严越好,使其不漏气,不漏水,并尽量缩短填装原料的时间,以迅速营造一个持久的厌氧环境,从而减少营养物质损失,提高青贮品质。

18. 发酵温度对青贮饲料品质有什么影响

青贮原料装入青贮窖内或其他容器后植株细胞仍在呼吸,将碳水化合物氧化,生成二氧化碳和水,同时放出热能,随着时间的推移,窖内温度不断上升。青贮窖的密闭性越差,窖内微生物氧化作用就越强烈,窖内的温度就越高,对青贮的影响就越明显。研究表明,当青贮窖内的温度达到40~45℃时,养分损失率达到20%~40%,同时温度过高,可延长青贮发酵的时间,35℃以下时,发酵时间为10~13天;35~45℃时,发酵时间13~20天;45℃以上为17~22天。青贮料的发酵品质优劣和饲用价值高低,决定于青贮饲料的厌氧发酵是乳酸发酵还是丁酸发酵。乳酸发酵的适宜温度为19～37℃,而丁酸发酵则要求较高的温度。因此,必须掌握好窖内温度,一般以20～30℃为宜,最高不超过37℃。

19. 影响发酵温度高低的主要因素是什么

青贮窖内温度的高低主要受封窖时基础窖温和好气性发酵阶段(发酵升温阶段)的影响,封窖时基础窖温过高(超过38℃)或压实不够,密封不严,往往形成适合丁酸发酵的高温青贮,品质较差。因此,调制青贮时迅速装窖,尽量缩短入窖时间,充分将原料压紧压实,做好密封工作,尽量降低封窖时的基础窖温,以营造一个有利于乳酸菌发酵的优良厌氧环境。

20. 切短或粉碎对青贮饲料品质有什么影响

切短的作用之一是增加原汁渗出机会(这种渗出液是含糖量高的植物细胞汁液),能使糖分分布均匀,这是优质发酵的重要条件。另外切短后易于装填压实与排尽空气,而且家畜容易采食。对牛、羊来说,细茎植物如禾本科牧草,豆科牧草,甘薯藤等,切成1.5厘米长即可;对粗茎植物,如玉米、高粱等应切短到1.0厘米左右。

21. 装填速度对青贮饲料品质有什么影响

新鲜青贮原料在青贮窖内被密封后仍残留少量氧气,在此期间,植物细胞并未立即死亡,约在 1~3 天内仍进行呼吸,附着在原料上的酵母菌、霉菌、腐败菌和醋酸菌等好气性微生物,利用植物细胞中的可溶性碳水化合物等养分进行生长繁殖。待青贮窖内遗留的少量氧气被耗尽,窖内便形成了微氧或无氧环境,并产生醋酸、乳酸、琥珀酸等有机酸和部分醇类。同时,植物呼吸作用和微生物的活动还释放出热量。所以此阶段形成的厌氧、微酸和较温暖的环境为乳酸菌的活动繁殖提供了适宜条件。但是,如果此时窖内氧气过多,植物呼吸时间过长,好氧性微生物活动旺盛,会使窖内温度明显升高,有时会达到 60℃ 左右,这样会导致原料发黄、过热焦变或腐烂损失等变化,影响青贮质量。因此,在青贮时,快速装填有利于缩短青贮过程中需氧发酵时间,以减少养分损失和降低青贮饲料堆内温度,从而提高青贮饲料质量。

22. 青贮添加剂对青贮饲料品质有什么影响

在青贮饲料调制过程中,原料中的水分含量往往是不易控制的因素之一。对于水分过高的原料除采取适当的晾晒预干措施或添加玉米面、糠麸等具有一定吸水功能的物料达到调节水分的目的外,还可以直接加入青贮添加剂。根据青贮添加剂的作用不同可分为三类:

(1)发酵促进剂:主要是促进乳酸的活动,产生更多的乳酸,使青贮料的 pH 值迅速下降。这类添加剂主要包括乳酸菌类、含碳水化合物丰富的物质和细胞壁降解酶等,如各种菌类制剂(主要是乳酸菌)、糖蜜或淀粉和酶制剂(如纤维素酶、半纤维素酶)。

(2)发酵抑制剂:也叫保护剂,主要是抑制青贮发酵过程中有害微生物的活动,防止原料霉变和腐烂,减少发酵过程中的营养物质的损失,促进青贮料的pH值迅速下降,以获得品质优良的青贮饲料。常用的添加剂主要包括甲酸、甲醛、亚硫酸钠等。

(3)营养添加剂:在青贮调制中当加入这类添加剂后,能明显改善青贮饲料的营养价值,提高青贮饲料的适口性,如蛋白质、矿物质等,其中较常用的是非蛋白氮类物质(如尿素)。

23. 气象因素对青贮饲料品质有什么影响

(1)降雨:青饲料刈割以及晾晒过程中遇到降雨不仅给作业带来不便,而且还会因为阴雨天延长晾晒的时间,增加由于呼吸作用消耗营养物质以及由于雨淋造成的可溶性营养物质的流失,降低饲料的营养价值。降雨不仅给青贮调制作业带来不便,同时青贮原料被雨淋湿会增加原料的水分含量。而高水分对发酵过程有害,容易产生品质差和不稳定的青贮饲料。另外,由于高水分引起的渗液,还会造成营养物质的流失,最终影响青贮饲料的质量。因此,应尽量避免在阴雨天或降雨时刈割、晾晒和调制青贮。另外,贮藏过程中也应该注意防止雨水的浸入。青贮窖内既不能进气,也不能进水,如果雨水进入青贮窖内,一方面会冲淡青贮饲料的酸香味,降低适口性,另一方面严

图1 倒伏的玉米

重时,则可引起青贮饲料的腐烂变质,而不能利用。因此,青贮窖在进行最后的封盖时,要考虑到窖盖顶的防雨问题。

(2)强风:强风会导致牧草以及饲料作物倒伏,倒伏不仅不利于收割作业,同时,倒伏后的牧草及饲料作物上会黏上泥土,而泥土中会含有一些有害的微生物,这样不仅影响到青贮本身的发酵,降低饲料价值,有时还会带来卫生安全方面的隐患。

(3)霜冻:霜冻会直接影响到玉米等饲料作物的成熟,降低籽实中的淀粉、糖和蛋白质含量,影响家畜的适口性。同时,遇到霜冻后的玉米水分含量降低,特别是霜冻后玉米叶子变得很干,青贮时不易压紧压实,容易导致腐生菌的繁殖从而影响青贮质量。另外,霜冻后的干玉米叶片上有时会附有大量的霉菌,调制青贮时会影响发酵质量降低饲料价值。研究发现,随着降霜的次数增加蛋白质的消化率明显降低,同时,青贮的产酸量少,不利于pH的降低,从而影响青贮的发酵品质。因此,为了获得良好的青贮原料,玉米等应尽量减少被霜打的次数。

(4)环境温度:为了保证青贮饲料的质量,要有一个适宜的温度环境。温度是调制青贮饲料过程中应当随时注意的一个重要指标。因为温度的高低直接影响着乳酸菌的生长与繁殖。而青贮成败的关键是能否满足乳酸菌的生长和繁殖的条件。根据试验研究,青贮过程中最适宜的温度是20℃,最高不要超过37℃。温度太低,乳酸菌的生命活动阻滞;温度过高,则乳酸菌的含量相对减少,营养物质的损失也越大。

青贮料的发酵品质优劣和饲用价值高低,决定于青贮饲料的厌氧发酵是乳酸发酵还是丁酸发酵。乳酸发酵的适宜温度为19~37℃,而丁酸发酵则要求较高的温度。因此,调制

图 2 遇到霜冻的青贮玉米

青贮时迅速装窖,尽量缩短入窖时间,充分将原料压紧压实,做好密封工作,封窖时的气温以凉爽为宜,以营造一个有利于乳酸菌发酵的环境。

一般情况下,饲料青贮后经过约 30 天的乳酸发酵,即可开窖取用。青贮料的饲喂时间以气温较低的季节较为适宜,尤其是青贮质量中等和下等的青贮饲料,要在气温 20℃ 以下时饲喂。因为气温高的时期,青贮料容易发生二次变败或干硬变质,造成损失;而在特别寒冷的季节,青贮料又容易结冰。

24. 影响青贮发酵品质的其他因素有哪些

青贮饲料的品质受许多因素的影响,除上述因素外,还受饲草种类、栽培管理措施、收获时间及调制技术等的影响。因此,青贮原料的栽培生产到加工调制及青贮后的管理,都要十分注意,扬长避短才能获得优良品质的青贮饲料。

25. 青贮设施的种类有哪些

青贮设施有青贮窖（长方形、圆筒形）和青贮塔，以及长方形的青贮壕等，按设置在地平线上下的位置，分类如下：

图3　地下青贮窖

（1）地下式青贮设施：青贮窖和壕等全部位于地下，其深度应按地下水位的高低来决定，一般不超过3米为适宜（图3）。深的青贮设施容积大，有利于原料的压实，能提高青贮饲料的品质和降低损耗率，但取用下层的青贮料比较费力；过浅的青贮设施容积小，不利于原料借助自身的重力压实，容易发生霉变。地下青贮设施适用于地下水位低和土质坚实的地区，窖或壕的底面与地下水最少要保持0.5米左右的距离，以免底部出水。地下水位应以历年地下最高水位为准。目前，我国农村牧区常见的是地下式青贮窖或青贮壕。

修建地下青贮设施时一般不用建筑材料，多由挖掘成的土窖或壕构成（图4）。宜在制作青贮料前1～2天挖好，经过晾晒，可以减少水分含量，增加窖或壕壁的坚硬度，但也不宜曝晒过久，以免其壁干裂，装填青贮原料时，在挖好的窖或壕内在底部和窖壁铺上塑料布，以增加窖的密封性。

（2）半地下式青贮设施：青贮窖和壕等的一部分位于地

图 4 简易地下青贮窖

下,一部分位于地上。在较浅的地下式的基础上,利用挖出的湿黏土或土坯、砖、石等材料向上垒砌1.0～1.7米高的壁,即可建成。在砌成的壁上,所有的孔隙都应用灰泥严密抹封,外面要用土培好。用黏土堆砌的窖和壕壁厚度,一般不应小于0.7米,以免透气(图5)。

图 5 半地下式青贮窖

这种临时性的半地下式设施,比较省工、经济。如制成永久性设施,可在壁的表面抹水泥,其青贮效果无异于钢筋混凝土的设施,投资较少,建造容易,可以广泛采用。

(3)地上式青贮设施:如青贮塔、青贮池,一般适于在地势低洼、地下水位较高的地区。塔的高度应根据设施的条件而定,在有自动装料的青贮切碎机的条件下,可以建造成高达7～10米甚至更高的青贮塔。为了便于装填原料和取用青贮料,青贮塔应建在距离畜舍较近之处,朝着畜舍的方向,从塔壁由下到上每隔1.0～1.5米留一窗口。塔壁必须坚固不透气,以免装入青贮料后崩裂。在使用砖、石、水泥等材料建造时,应尽量使其坚固,必要时可用钢筋加固;在用三合土和黏黄土堆砌时,塔壁的厚度不少于0.7米;钢铁密闭青贮塔具有坚固耐用,隔水、隔气的优点,但造价高昂,金属导热能力强,青贮料易受外界气温的影响,可根据所在地区和有关条件,酌情采用(图6)。目前,我国多用三面砌墙,一面开口的青贮池。

图6　地上式青贮设施

26. 对青贮设施的基本要求是什么

青贮设施是指装填青贮饲料的容器,主要有青贮窖、青贮壕、青贮塔、青贮袋、拉伸膜裹包青贮及地面青贮设施等。对这些设施的基本要求是:

(1)地势平坦:地址要选择在地势平坦、相对较高、地下水位较低的干燥处,距牲畜圈舍要近,要远离污染源(如粪坑、垃圾堆等)。

(2)不透气不透水:填装青贮饲料的设施要求不透气不透水,不论用什么材料建造青贮设施,必须做到严密不透气。可用石灰、水泥等防水材料填充和抹住青贮窖、壕壁上出现的缝隙,如能在壁内表衬一层塑料薄膜更好。另外,青贮设施不要靠近水塘、粪池,以防止污水渗入。地下或半地下青贮设施的底面,必须高于地下水位,同时,要在青贮设施的周围挖好排水沟,以防地面水流入。

(3)墙壁垂直:青贮设施的墙壁要垂直光滑,不要凸凹不平,有凸凹则饲料下沉后易出现空隙,使饲料发霉,并且会影响压实的效果。方形窖池墙壁内角要圆滑,这样会有利于青贮料的下沉和压实。下宽上窄或上宽下窄都会阻碍青贮料的下沉或形成缝隙,造成青贮料大量霉败。

(4)规格合理:青贮设施的规格要合理,保证适当的深度,青贮设施的宽度或直径一般应小于深度,宽深比为1.0∶1.5或1.0∶2.0,以利于借助青贮料本身重力而压得紧实,确保青贮质量。

(5)防冻:北方寒冷地区的青贮设施最好能防冻,地上式的青贮设施,必须能很好地防止青贮料冻结。

27. 不同形状的青贮窖有什么特点

青贮窖是我国广大农村应用最普遍的青贮设施。按照窖的形状,可分为圆形和长方形两种(如图7)。在地势低洼、地下水位较高的地方,建造地下式窖易积水,可建造半地下、半地上式。圆形窖占地面积小,而长方形窖占地面积较大。圆筒形的容积取料比同等尺寸的长方形窖大,装填原料多。但圆形窖开窖喂用时,须将窖顶泥土全部揭开,窖口大不易管理;取料时需一层一层取用,若用量少,冬季表层易结冻,夏季易霉变。长方形较适于小规模饲养户采用,从一端开窖启用,先挖开1.0~1.5米长,从上向下,一层层取用,一段饲料喂完后,再开一段,便于管理。不论圆形窖或长方形窖,都应用砖、石、水泥建造,窖壁用水泥挂面,以减少青贮饲料水分被窖壁吸收。窖底用砖铺地面,不抹水泥,以便使多余水分渗漏。

如果暂时没有条件建造砖、石结构的永久窖,使用土窖青贮时,四周要铺垫塑料薄膜。第二年再使用时,要清除上年残留的饲料及泥土,铲去窖壁旧土层以防杂菌污染。

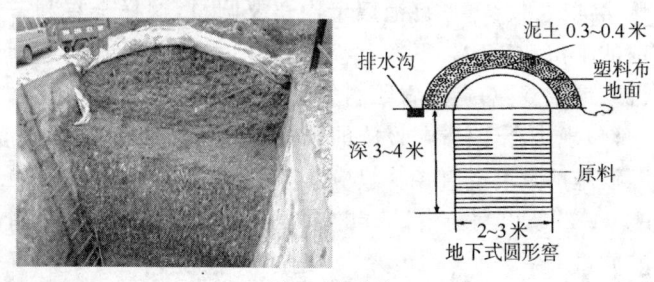

图7 青贮窖

28. 如何计算青贮窖的藏量

圆形窖贮藏量计算公式如下:

圆形窖贮藏量(公斤)
= (半径)^2×圆周率×高度×青贮饲料单位体积重量

举例:

某农户家住1年两熟地区,拟饲养奶山羊3~5只,全年都喂青贮饲料,再加喂精料和野干草。问每天喂青贮饲料多少公斤和共需青贮饲料多少公斤?需地几亩?修建何种形式的青贮设施及其大小?

解答如下:

第一,一年需要的青贮饲料量,按每只羊每天喂给2.5公斤计算。则：

全年青贮饲料需要量
＝(3～5)×2.5×365＝3000～5000(公斤)

第二，需要多少亩地玉米秸？按每亩地可收割青贮玉米秸1000公斤计算。则：

需地面积＝(3000～5000)/1000＝3～5(亩)

第三，青贮窖直径宜为2米、深3米大小。则：

青贮窖容积＝(半径)^2×深度×圆周率
＝1^2×3×3.14
＝9.42(立方米)

另外，由于含水量不同，单位体积青贮饲料重量会有所不同，本书统一使用550公斤/立方米

青贮饲料的重量＝9.42×550＝5181(公斤)

29. 什么是青贮壕

青贮壕是指大型的壕沟式青贮设施，适用于大规模饲养场使用，有地下式和半地下式两种。实践中多采用地下式，以长方形的青贮壕为好。

30. 青贮壕有什么特点

此类建筑最好选择在地方宽敞、地势高燥或有斜坡的地方，开口在低处，以便夏季排除雨水。青贮壕一般宽4～6米，便于链轨式拖拉机压实，深5～7米，地上至少2～3米，长20～40米，必须用砖、石、水泥建筑永久窖。青贮壕是三面砌墙，地势低的一端敞开，以便车辆运取饲料。青贮壕的优点是

便于人工或机具装填压紧和取料,并可从一端开窖取用,对建筑材料要求不高,造价低。缺点是密封性较差,养分损失较多,需耗较多劳力。

图8 地下青贮壕(池)

31. 如何计算青贮壕的藏量

长方形壕贮藏量计算公式如下:

长方形壕贮藏量(公斤)=长度×宽度×高度×青贮饲料单位体积重量

举例:

某户住1年两熟灌溉地区,饲养3头黑白花奶牛,已妊娠数月。问该户适合种植何种饲料作物做青贮料?应种几亩?

解答如下:

第一,估计养牛头数:因已养3头妊娠牛,那么在1~2年内,养牛头数最少应考虑为6~9头。

第二,青贮饲料供应天数:养奶牛户的青饲料供应是一个重要问题,最稳妥的办法是种植青饲玉米,调制玉米全株青贮饲料,混种黑豆,可提高玉米青贮饲料的可消化蛋白质和代谢能总量,并能节省精料。黑白花奶牛的产奶量高,要求能够高产稳产,饲料变化应小些,所以全年喂青贮饲料比较合适。

第三,青贮玉米与黑豆的混种面积:一般情况下,在1年两熟的灌溉区,单种青贮玉米,每亩可产茎叶3000～3500公斤;玉米与黑豆混种,每亩可产3500～4500公斤,以4000公斤计。每头牛每天平均喂饲20公斤青贮饲料。则:

青贮饲料全年需要量＝(6～9)×20×365
　　　　　　　　　＝43800～75700(公斤)
玉米与黑豆混种面积＝(43800～75700)÷4000
　　　　　　　　　＝11～19(亩)

第四,青贮壕的容积:

青贮壕的容积＝(43800～75700)÷550＝80～140(立方米)

青贮壕的大小为2米宽、3米深、13.3～23.3米长。

32. 什么是地面青贮堆? 其特点是什么

大型和特大型饲养场,为便于机械化装填和取用饲料,采用地面青贮方法。在宽敞的水泥地面上,用砖、石、水泥砌成长方形三面墙壁,一端开口(图9)。宽8～10米,高7～12米,长40～50米。可以进行机械作业,用链轨拖拉机压实。国外有的用硬质厚(2～3厘米)塑料板作墙壁,可以组装拆卸,多次使用。

还有一种形式是堆贮(图10)。将青贮原料按照青贮操作程序堆积于地

图9　地面堆贮池

面,压实后,用塑料薄膜封严垛顶及四周。堆贮应选择地势较高且平坦的地块,先铺一层旧塑料薄膜,再铺一块稍大于堆底面积的塑料薄膜,然后堆放青贮原料,逐层压紧,垛顶和四周用完整的塑料薄膜覆盖,四周与垛底的塑料薄膜重叠封闭,再用真空泵抽出堆内空气使成厌氧状态。塑料外面用草帘覆盖保护。

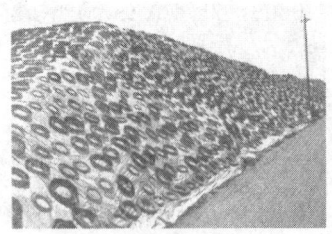 

图10 塑料薄膜堆贮

33. 什么是青贮塔? 其特点是什么

青贮塔适用于机械化水平较高、饲养规模较大、经济条件较好的饲养场。是有专业技术设计和施工的砖、石、水泥结构的永久性建筑。塔直径4~6米,高3~15米,塔顶有防雨设备。塔身一侧每隔2~3米留一个60厘米×60厘米的窗口,装料时关闭,用完后开启。原料由机械输入塔顶

图11 青贮塔

落下,塔内有专人踩实。饲料是由塔底层取料口取出。青贮塔封闭严实,原料下沉紧密,发酵充分,青贮质量较高。一些发达国家用钢制厌氧青贮塔调制半干青贮饲料(图11)。

34. 什么是青贮塑料袋? 其特点是什么

近年来随着塑料工业的发展,国内外一些小型饲养场,采用质量较好的塑料薄膜制成袋,装填青贮饲料,袋口扎紧,堆放在畜舍内,使用很方便。袋宽50厘米,长80~120厘米,每袋装40~50公斤。除了使用扎口式的塑料袋青贮,小型裹包青贮技术是国外使用较多的一种青贮方式,它是将收割好的新鲜牧草揉碎后,用打捆机高密度压实打捆,然后用裹包机把打好的草捆用青贮塑料拉伸膜裹包起来,创造一个最佳的密封、厌氧发酵环境。经过3~6个星期,最终完成乳酸型自然发酵的生物化学过程。另外,还有一种袋式罐装青贮技术,特别适合于牧草的大批量青贮,该技术是将饲草切碎后,采用袋式罐装机械将饲草高密度地装入由塑料拉伸膜制成的专用青贮袋,在厌氧条件下实现青贮(与下一问的拉伸膜青贮不同,罐装青贮像灌香肠一样填装,而拉伸膜青贮技术是用打捆机

图12 塑料袋装青贮

打成捆后用裹包机裹包)。此技术可青贮含水率高达60%～65%的饲草。一只33米长的青贮袋可灌装近100吨饲草。罐装机作业速度可高达每小时60～90吨。

35. 什么是拉伸膜裹包青贮？其特点是什么

目前,世界上畜牧业发达的国家流行的一种贮料打捆后用拉伸膜裹包的青贮技术,该项先进的设备和新技术已开始在我国饲草生产加工上应用。自1995年以来这项先进的草料青贮技术,已先后在内蒙古、河南、青海、安徽、广东、北京、上海等省市(自治区)试验和使用。分别用于青贮牧草、玉米秸秆、地瓜藤、芦苇、甘蔗叶、苜蓿、稻草等。

"拉伸膜裹包青贮"是指将收割好的新鲜牧草经打捆裹包密封保存并在厌氧发酵后形成的优质草料。这套系统采用青贮专用塑料拉伸膜将重达半吨的草捆紧紧地裹包起来。青贮专用塑

图13 拉伸膜裹包青贮

料拉伸膜是一种很薄的、具有黏性和弹性的、专为裹包草捆研制的塑料拉伸回缩膜,将它放在特制的机器上裹包草捆时,这种拉伸膜会回缩,紧紧地裹包在草捆上,从而能够防止外界空气和水分进入,草捆裹包好后,形成厌氧状态,草料自行发酵产生乳酸,乳酸达到一定量时,可杀灭致使草料腐败的细菌,

从而可以防止草料的腐烂变质。这样不仅可以保持新鲜草料的营养成分,同时可以减少蛋白质损失,降低粗纤维,促使消化率明显提高,而且适口性好,并可以在野外不同气候条件下长期保存1~2年。用此法制成草捆青贮,可以供家畜冬春季节食用,尤其是牧区牛羊过冬、抗灾保畜的优质理想饲料。

36. 对青贮设施的容量和大小有什么要求

青贮设施的容量大小与青贮原料的种类、水分含量、切碎压实程度以及青贮设施种类不同等有关。常见数据如表4所示。

表4　每立方米青贮料重量(玉柱2003)　　单位:公斤

青贮原料	青贮壕(拖拉机压实)	青贮塔		青贮窖(人工压实)
		高(深)度3.5~6.0米	高度6米以上	
全株玉米(带穗)	750	700	750	650
青玉米秸				500
向日葵	750	700	750	600
饲用甘蓝	775	750	775	675
根达菜	750	700	750	650
玉米、秣食豆混贮	775	750	775	675
三叶草、禾本科铡碎混贮	650	575	650	525
牧草(天然草地)不铡碎	575	550	575	475
禾本科牧草铡碎	575	500	575	450
禾本科牧草不铡碎	500	425	500	375
粗茎野草	475	450	475	400
甘薯藤、胡豆苗				700
块茎类				750~800

37. 选择青贮原料收获机械的原则有哪些

目前我国适于青贮作业用的机械种类较多,主要包括青贮饲料的收获机械、切碎(揉碎)机械、拉伸膜裹包青贮机械和袋式灌装机械等。

(1)收获机械的选择:选择适宜的青贮饲料收获机械是获得优良青贮原料和提高收获效率的保障,在选择收获机械时应考虑以下因素:

①留茬低 收割茬应尽可能低,以减少青贮原料的产量损失。

②生产效率高 青贮原料(如玉米)的适宜收获期一般在1周内完成,最多不超过10天,收获期要延长的话,青贮原料的质量会降低。

③切碎长度可调节 为适应收割不同种类或不同的含水量的青贮原料,或不同青贮方式对原料切碎长度的要求,切碎长度应该为可调节的,一般为10~40毫米。

④损失量小 在收割时,总损失不应大于总量的3%。

⑤使用维修方便 滚筒的动刀片应具有磨刀的性能,定刀片和动刀片调节,更换要方便。另外,在滚筒和喂入机械发生堵塞时,能迅速排除故障。

⑥切碎滚筒要有良好的动平衡 在作业中不发生震动,以保证动刀和定刀间隙一定,获得良好的切碎质量。

⑦适应性好 收获机械要能收获倒伏原料,并要有较强的防陷能力。

38. 青贮原料收获机械的种类有哪些

(1)按动力来源:青贮饲料联合收获机按动力来源可分为牵引式、悬挂式和自走式三种。牵引式靠地轮或拖拉机动力输出轴驱动,悬挂式一般都是拖拉机动力输出轴驱动,自走式的动力靠自身发动机提供。

(2)按不同机械构造:青贮饲料收获机可分为:滚筒式、刀盘式、甩刀式和风机式等青饲收获机。

表5 常见青饲收获机的主要性能(农业部农业机械化管理司2005)

机型	型式	切刀数	切碎长度(毫米)	切割器型式	生产效率(吨/小时)	生产厂家
9SQ-10	滚筒式	6	30	往复式	30~40	赤峰牧机厂
丰收-1.25	甩刀式	25	50	甩刀式	30	佳木斯收割机厂
790	滚筒式	12	3.2~38.1			美国纽荷兰公司
H500	滚筒式	2、3、6	2.72~48.5	摆式	65	法国卡萨里斯
FH900	滚筒式	2、4、8	2.5~45	旋转式		德国法尔

39. 青贮原料切碎机的种类有哪些? 其特点是什么

(1)青贮切碎机:通常所说的青贮切碎机、铡草机、秸秆切碎机都属于饲草切碎机,按机型的大小可分为大型、中型、小型。大型切碎机结构比较完善,生产效率高,并能自动喂入饲草和抛送切碎段,适宜切碎青贮玉米、苜蓿等青贮原料,常被称为青贮切碎机或青饲切碎机;中型切碎机一般可切碎青贮料和干秸秆两种；小型切碎机适于小规模养殖户，主要用来切碎麦草、谷草，也用来铡青贮料和干草。

饲草切碎机按其切碎型式不同可分为轮刀（圆盘）式、滚刀（滚筒）式两种，大中型切碎机为抛送青贮料，一般都为轮刀式，而小型铡草机两者都有，但以滚刀式居多。

(2)揉碎机：是一种介于铡草机和粉碎机之间的新机型。经揉碎机加工后的原料呈丝状，茎节被完全破坏，同时被切成适于饲喂的碎段，使饲草的适口性大为改善，而且在加工质量、生产率、可靠性、能耗等方面明显优于传统的铡切机和粉碎机，特别是对柔性大、含水量高的青绿植物，具有较好的粉碎效果。因此，揉碎机比较受农牧民欢迎，主要用于玉米秸秆、灌木或半灌木饲用植物如柠条、山竹岩黄芪、胡枝子等饲草的青贮揉碎。

表6 我国目前常见的几种揉碎机的技术参数

（农业部农业机械化管理司 2005）

型号名称	型式	主轴转速（转/分钟）	生产率（公斤/小时）	配套动力（千瓦）	机重（公斤）	外形尺寸（长×宽×高）毫米	生产厂家
93RC-40型秸秆揉碎机	锤片	2500	1000	7.5～10	120	1370×1260×4685	辽宁凤城东风机械厂
9RC-40型粗饲料揉碎机		2610	2000	7.5～13	130	1530×660×1265	北京市林海农牧机械厂
9RS-1.5型饲料揉碎机	混合	1400	1500	17～22		1600×500×1220	赤峰牧业机械总厂
9RS-0.7型饲料揉碎机	混合	2000	700	5.5～10		1320×365×833	赤峰牧业机械总厂
9RC-40型粗饲料揉碎机	锤片撕碎	2000	1000	7.5	160		黑龙江阿城市通用机电设备厂
93F-45型牧草揉碎机	锤片	2500	200	4	600	1800×800×1050	陕西西安市畜牧乳品机械厂

目前,揉碎机还存在明显的不足:①生产效率低,很少有超过1吨/小时的机型;②因为其加工质量相对铡草机要碎得多,且主要靠锤片打击和齿板揉搓物料,没有利用铡切的功能,因而在相同生产条件下,能耗高出铡草机1~2倍;③适应性差,不适于含水量太高或韧性大的物料。

(3)揉切机:具有铡草机和揉碎机的优点,同时能完成切碎和揉搓功能,实现了一机多用的目的。揉切机的主要特点:

①解决了传统铡草机破节率低和能耗高、生产效率偏低等技术难点。如9LRZ-80型秸秆揉切机加工玉米秸秆的生产效率为6~8吨/小时,9RZ-60型适用于中等规模养殖场,生产效率为3~4吨/小时。

②具有较广泛的适应性,适用于青、干玉米秸、稻草、麦秸以及多种青绿饲草的揉切加工,对于多湿、韧性较强等难加工物料(如芦苇、柠条、山竹岩黄芪、羊柴、胡枝子等)也有很强的适应性。

③加工用于青贮的玉米秸秆时,比铡草机加工出的段状秸秆质量好,易于压实和排除空气,能制作优质的青贮饲料。柔软的丝状青贮料,可增加牛、羊等反刍家畜的采食量和消化率。

④经揉切机加工的饲草或秸秆即可直接饲喂,也可进一步加工调制。

(4)拉伸膜裹包青贮机械:拉伸膜裹包青贮指将割好的新鲜饲草用打捆机进行高密度压实打捆,然后通过裹包机用青贮塑料拉伸膜裹包起来,形成一个最佳的发酵环境。

青贮专用拉伸膜是一种很薄的具有黏性、专用于裹包草捆的塑料拉伸回缩膜,将它放在特制的机器上裹包草捆时,这种拉伸膜会回缩。实现饲草包裹的关键技术,一是将饲草打成捆,二是要在饲草成捆的外面裹包上拉伸膜。下面介绍两个草捆裹包机。表 8 是由中国农业机械化科学研究院生产的 92YC-0.5 型圆草捆裹包机的性能指标。表 9 是由爱尔兰的麦豪工程有限公司生产的 995LM 型草捆裹包机性能指标表。

表 7 几种秸秆揉切机主要经济性能技术指标
(农业部农业机械化管理司 2005)

型号	9LRZ-80	9RZ-60
配套动力(千瓦)	22	11~15
加工含水率为 14%~40%的秸秆生产率(吨/小时)	3~5	2~3
加工含水率为 40%~70%的秸秆生产率(吨/小时)	6~8	3~4
揉切程度:		
短于 50 毫米的物料		约 78%
介于 50~100 毫米的物料		约 20%
大于 100 毫米的物料		约 2%
破节率		>99%

表 8 92YC-0.5 型圆草捆裹包机性能指标

草捆尺寸(直径×长度)(米)	0.5×0.8
草捆重量(公斤)	40~50
草耗膜量(IPEX 拉伸回缩膜)(公斤/吨)	2.4
生产率(公斤/小时)	500~1000
配套动力(千瓦)	8.8~11
重量(公斤)	280
外形尺寸(长×宽×高)(毫米)	2250×1000×900

表9　95LM型草捆裹包机性能指标

草捆最大长度(米)	1.2
草捆重量(公斤)	30~60
薄膜拉伸度(%)	55
电力要求	12伏直流电
配套动力(千瓦)	30
重量(公斤)	345
外形尺寸(长×宽×高)(毫米)	2200×1400×1400

(5)袋式罐装青贮机：袋式灌装青贮技术(简称袋贮技术)是国外继窖贮、塔贮技术之后的一项新的青贮技术，是应用专用设备将切碎的青饲原料以较高密度、快速水平压入专用拉伸膜袋中，利用拉伸膜袋的阻气、遮光功能，为乳酸菌提供更好的发酵环境，进行青贮。

美国Kelly Ryan公司生产地Centerlline Bagger牧草/秸秆青贮灌装机生产能力为60~90吨/小时。

40. 如何选择与搭配青贮原料

(1)无毒无害的植物类原料与副产品：凡是无毒无害的青绿植物，如牧草、饲用作物、作物秸秆，农副产品(如甜菜叶、萝卜叶等)、工业副产品(如甜菜渣、酒糟、果渣等)等都可作为青贮的原料，其中以含糖类物质较多的原料为好。

(2)豆科类植物与禾本科类植物：豆科作物和豆科牧草不宜混合青贮，因为它们的蛋白质含量较高并易变质发臭。为提高青贮饲料的品质，可将豆科饲草与禾本科饲草混合青贮，其比例为1∶3为宜。

(3)含糖量多的与含糖量少的:青贮可以进行单贮,如玉米青贮。也可以进行混贮,两种原料或两种以上的原料混在一起青贮。一般是将含糖量多的原料与含糖少的原料混贮,含水量高的如块根块茎原料与含水量少的如干秸秆、麦麸、草粉等分层混贮,以防止因水分过多而引起变质或营养流失。

41. 如何清理青贮设施

青贮前,应认真检查和清理青贮容器(如青贮窖、青贮壕等),将青贮容器内的废弃物彻底清理出去,并将其打扫干净,特别是青贮设施内壁上附着的脏物应铲除,墙壁如有裂缝或破损应及时修补完善。清理完后,应用石灰水或其他消毒液进行涂刷和消毒。清除完毕后,在窖或壕底应铺一层10~15厘米切短的秸秆等软草,以便吸收青贮汁液。窖壁四周衬一层塑料薄膜,以加强密封性和防止漏气渗水。

42. 清理青贮设施的注意事项有哪些

在对青贮设施进行清理时,一定要注意安全。在炎热的天气或对有顶棚或较深的青贮容器进行清理时,应注意CO_2等有毒气体对人体的危害。当进入青贮设施内如有闷气或不适感觉时,应立即走出,用吹风机或扇车向青贮设施内吹风,以排出有害气体。特别是在对较深的青贮容器进行清理时,尤应注意事先对有害气体的排放,因为,随着植物青贮原料细胞的呼吸和发酵,常产生CO_2等有害气体,在炎热无风的天气,或带有棚盖的较深青贮设施中,聚积浓度较高的CO_2,会使人中毒窒息。

43. 青贮饲料制作工艺流程是什么

青贮饲料的制作有以下步骤：收割→切碎→装填→密封。

通常在青贮饲料开始制作后，收割、切碎和装窖要连续进行，直到所有青贮的原料收割装填完毕。正确制作的青贮饲料可以长期储存而不变质，所以说正确的制作方法是获得优质青贮饲料的基础。

44. 如何做到青贮原料的适时收割

（1）收割期的选择 为最大限度地获得单位面积的营养物质高产，青贮原料必须在适宜的成熟期收割。同时，合适的水分和碳水化合物的含量也非常关键。收割时期过早，青贮原料含水较高，但单位面积营养物质产量不一定高；收割时期过晚，原料中的营养物质含量下降。要掌握好青贮原料的刈割时间，及时收获。一般密植青刈玉米在乳熟晚期至蜡乳初期，豆科牧草在开花期，禾本科牧草在抽穗期，甘薯藤在霜前期收割。表10列出了常见原料的适宜收割期。在表中所列的饲草青贮适宜收割期，可以使这些饲草的消化养分产量达到最大。这些饲草在收割时，其中有一些饲草的含水量可能高于青贮调制要求，因此，必须对这些饲草进行水分调节，即进行晾晒或采取其他干燥措施，使其凋萎以除去一部分水分，使含水量达到青贮的要求。为了将饲草凋萎，在其收割后的切碎和青贮之前，可以将割倒后的饲草平放在田间进行晾晒。

表 10　常见饲草青贮适宜收割期

饲草	收割期	收割时含水量(%)
紫花苜蓿	现蕾盛期至初花期	65～75
青贮玉米	乳熟晚期至蜡熟初期	60～75
三叶草	现蕾盛期至初花期	开花期 81～89
中间锦鸡儿	营养期(当年生长的枝条为好)	45～55
尖叶胡枝子	开花期	50～60
山竹岩黄芪	初花期	45～55
无芒雀麦	抽穗期	60～65
直穗鹅观草	抽穗期	65～70
垂穗披碱草	抽穗期	60～65
沙打旺	开花期	60～65
扁蓿豆	开花期	55～60
玉米秸秆	摘穗后尽快收割	50～60
燕麦	孕穗—抽穗初期	80～85
高粱	籽粒蜡熟中期到后期	50～77
其他谷物	籽粒蜡乳中期到后期	50～75

(2)对含水量的要求　青贮需要的水分含量取决于青贮类型。如果物料置于密闭、直立的袋中青贮,那么水分含量可以较低(50%～60%);如果物料置于地面青贮堆或青贮壕中,水分含量可稍高(65%～75%)。但是,为了获得良好的发酵,减少营养物质损失,调制优质的青贮饲料,青贮原料的含水量一般要求在70%～80%,半干青贮原料的含水量可在50%～60%。

45. 如何检测青贮原料的含水量

含水量的检测在制作青贮时,原料含水量的测定可采用实验室烘箱干燥法,也可采用微波炉法或手测法。

【手测法】 在生产实践中通常采用比较简便的手测法来判断原料的含水量。抓一把已切碎的青贮原料,用力握紧1分钟左右,如水从手指间滴出,但手松开后原料能保持团状,不易散开,手被湿润,含水量则为 68%～75%;当手松开后团状原料慢慢散开,手上无湿印,含水量则约为 60%～70%;当手松开后草团立即散开,含水量则约为 60%以下。

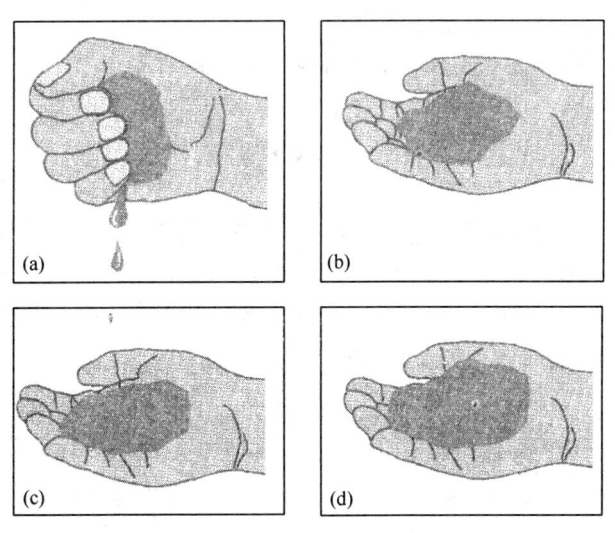

图 14 青贮水分快速检测

(a)75%～85%;(b)70%～75%;(c)60%～65%;(d)＜60%

【微波炉法】 准备一个微波炉和一台电子秤。测定步骤如下:

— 找一个能装下 500 克青贮原料的容器(可置于微波炉内),并称空容器重量,容器重量记做 W_1。

— 称 500 克左右待测水分含量的青贮原料,记做 W,放在称好重量的容器内。

— 将装有青贮原料的容器置于微波炉,并在微波炉内放置一杯 200 毫升的水以吸收额外的热量,防止样品着火。

— 把微波炉调到最大挡的 80%~90%,时间设置 5 分钟,当微波烘烤到时间后,再次称重,并做记录。

— 重复第四步,直到两次之间的重量差异在 5 克之内。

— 把微波炉调到最大挡的 30%~40%,烘烤 1 分钟后,将装有原料的容器拿出称重。

— 再重复第六步,直到两次之间的重量差异在 1 克之内,将装有原料的容器重量记做 W_2。

— 计算原料干物质含量(DM%)

$$DM\% = [(W_2 - W_1)/W] \times 100\%$$

在烘烤样品过程中,要有专人负责观察微波炉中的样品变化,不可无人照料,以防微波炉内的样品着火。

在长期的青贮实践中,人们总结出了用手握法估计青贮原料的含水量经验数值,见表 11。

表 11 常见青贮原料水分含量的近似估计

青贮原料团块状况	近似水分含量(DM%)
握后成形,有大量汁液渗出	超过 75
握后成形,有较少汁液渗出	70~75
原料缓慢散开,无汁液渗出	60~70
迅速散开	低于 60

46. 如何调节青贮原料的含水量

刈割要先选择在无露水、晴朗天气进行。倘若原料的水分含量较高,刈割后要进行适当的晾晒。气候干燥,多风的西北及内蒙古等地区,晴天只需晾晒 4~6 小时即可,通常情况下不需要晾晒,刈割后即可运到青贮场地进行切碎装窖;华北、东北地区需要晾晒 6~10 小时;南方各省根据气候条件,晾晒的时间较长,但一般不宜超过 24 小时为好。若采用割草压扁机,晾晒时间则可短些。晾晒应注意天气变化,防止雨淋。另外,对于过湿的青贮原料,在青贮时可稍加晾干,或掺入适量的干料;对于过干的青贮原料,可加适量的水,切碎装窖后应喷洒少量水,以提高含水量,或采用半干青贮的方法进行。

47. 青贮原料的收割方法有哪些

青贮原料的收割方法有人工收割和机械收割两种。种植面积较小,没有青贮饲料收获机的农户,可采用人工收割的方法。首先将青贮饲草割倒,再装到运输车上,将其运输到青贮现场进行切碎。种植面积较大,最好选用青贮饲料收获机进行收割。当前比较适用的机械是青贮饲料联合收割机,在一次作业中可以完成收割、拾捡、切碎、装载等多项工作。

图 15　收割方法

48. 如何及时运输青贮原料

如果收割的原料含水量适中,不需要进行凋萎处理的话,要及时将原料运到青贮地点,以防在田间时间过长水分蒸发和因细胞呼吸作用造成养分损失。人工收割的整株原料要随割、随运、随切碎和随装窖。机械收获的切碎原料要及时运到青贮窖进行装填压实。

图16 原料运输

49. 青贮原料切碎的目的是什么

在收割时或者晾晒后将待青贮的原料切碎。这样做可以使原料更容易填装,并能更好地将有害气体排出,以便能建立厌氧环境。

50. 青贮原料切碎的长度取决于什么

切碎长度取决于饲喂家畜和原料的种类与质地。若原料含水量较高,且质地柔软细嫩,切碎长度可稍长些,若原料含水量较低,质地较硬,切碎长度就应该短些。如牧草类青贮原料要比青贮玉米类切得短些,凋萎的饲草和空心茎的饲草要比含水量高的饲草切得短些。对于大多数青贮原料来说,切碎长度应控制在 1～2 厘米为宜。对羊草来说,细茎饲草如禾本科牧草、豆科牧草、青贮玉米、叶菜类等,切成 2～3 厘米即可。做到随切碎随装填。

51. 如何装填和压实青贮原料

装填和压实是制作好青贮饲料的关键。这是从青贮容器中除去氧气的主要途径之一,一定要引起重视。在地面青贮堆或青贮壕中,可以用拖拉机在装填的原料上压实。装填青贮原料时,应逐层填装,小型窖可用人工踩压,一般人工踩压厚度每层 15 厘米左右,机械压实厚度每层一般不超过 30 厘米,压实后再继续装填。

图 17 原料切碎

52. 装填和压实的注意事项有哪些

在装填时,青贮窖内要有人将装好的原料摊平混匀,要经常检查墙边和四角装料是否充实,拖拉机压不到的墙边和四角,要进行人工压实或踏实,靠近墙壁和四角的地方不能留有空隙。装满窖后,再继续填到原料高出窖沿 1 米左右后封窖。对于一天装填不完的大型青贮窖应分段装填,先装填完一段再装填另一段,每段的接口处应做成斜坡面,如图 18 和图 19,每天完工后应将装填好的青贮料用塑料布盖好,要尽量减少切碎原料或窖内原料在空气中的暴露时间。装填速度要快,每窖的装填时间不能太长,一般小型窖当天完成,大型窖装填时间不要超过 3 天。

图 18 原料装填和压实

切碎和装填、压实是一个连续过程,应做到随切碎、随装填、随压实。原料一定要切碎均匀,不要长短不一,切碎的原料要尽量避免暴晒;装填的速度既要快,又要安全,原料一定要装填均匀并压实,压得越实越好,小型窖可人力踩踏,要踩踏均匀不要有漏踩的地方,大型青贮则用履带式拖拉机压实(图19)。用拖拉机压实时,要注意不要带进泥土、油垢、金属等污染物,入窖前对拖拉机的4个轮要进行清洗,以避免带进泥土等脏物。压不到的边角可人力踩压。

图19 原料压实

53. 青贮窖器的密封方法有哪些

青贮窖器不同,其密封方法也有差异。密封和覆盖的方法,可采用先盖一层细软的青草,草上再盖一层塑料薄膜或铺上20厘米厚的麦秸或稻草等柔软垫层覆盖,封严窖口和四周,然后再用30厘米以上湿土覆盖、拍实,层层踩实压紧,以防漏气。顶部做成馒头状或屋脊形,并把表面拍光滑,以利于排水,同时修好周边的排水沟,以防雨水渗入。封窖后3~5天内,每天检查盖土的状况,发现下沉或覆土出现裂缝时,应立即用湿土压实封严。

图 20　密封方法

54. 青贮饲料制作中的损失有哪些

在青贮制作过程中有许多环节可引起青贮饲料营养物质的损失,若采取合理的措施,可以减少损失。

(1)田间损失:包括田间各种机械作业(收割、翻晒、用耙子搂)和运输到切碎引起的损失,以及这期间由于植物活动的干物质损失。如果收割后直接青贮,田间损失较少,干物质损失10%左右,如果收割后青贮前原料在田间存留的时间较长,由于植物酶和微生物发酵的作用,会导致可溶性营养物质含量下降,特别是碳水化合物的含量急剧下降,从而影响青贮效果。所以应尽量缩短收割后原料在田间的晾晒时间,若含水量适宜的原料,应做到边收割、边切碎、边装填,收割、切碎、装填一气呵成。

（2）青贮设施周围和表面损失：通常情况下，在青贮开窖后，往往表面和墙壁四周约 10 厘米或更厚的一层青贮料发霉或其他原因而不能被利用，这一损失可能达干物质的 15%～20%。为了减少这种损失，在原料装窖前，尽量在其四周墙壁的表面铺垫一层塑料膜，封盖窖顶时，在原料上也应铺垫一层塑料膜，可使这一损失量显著下降。在日常管理中，如发现窖顶或四周墙壁有破损，应及时采取补救措施，将破损处修好。

（3）渗流或渗出损失：渗流液中不仅含有水，而且含有其他可溶性物质和营养物质。这种损失在一定程度上与青贮原料的水分含量有关，如果原料含水量过高，渗流的损失量就会增加。因此，减少渗流损失的有效途径，是在青贮原料的含水量适宜时进行收割切碎青贮，当原料水分含量超过 75% 时，渗流损失就会增加。

55. 制作青贮饲料的注意事项有哪些

（1）尽量选择优质的青贮原料：一般来说，所有的青绿饲草均可作为青贮原料，但并不是所有的都能调制出优质的青贮饲料，比如豆科牧草虽然蛋白质含量高，但糖分含量低，比较难以贮存，而禾本科牧草则因碳水化合物含量高，易于贮存。所以，要成功地制作青贮饲料，必须要有一个符合青贮的最低含糖量标准，一般为 3% 左右。如果原料中实际含糖量高于青贮最低含糖要求，原料就属于易贮藏类型，如全株玉米、高粱、甘蓝、胡萝卜、甘薯藤、南瓜等；低于最低含糖要求的就属于难贮藏类型，如苜蓿、草木樨、马铃薯茎叶等；还有不能单独青贮的原料，如南瓜蔓、西瓜蔓等，这类植物含糖量极低，单独青贮不易成功。但是，如果将不易青贮的原料如苜蓿或不能单独青贮的原料与易于青贮的原料之间以 2∶1 或 1∶1 的比例配合,可以提高成功率。其中由于玉米易种植、产量高、营养丰富且易调制出优质的青贮饲料而被作为牛羊反刍家畜的首选青贮原料,对于猪等单胃动物,甘薯藤、甜菜叶等则可作为较理想的原料。

(2)饲草的适时收获:掌握好各种原料的收割时间,以保证原料的产量、营养价值、含水量等,从而保证青贮饲料的产量和质量。为了获得含糖量较高的原料,应注意以下几点:

①在天气晴好的日子里刈割。

②在刈割前 4~5 周不宜施用氮肥。

③刈割后适当的凋萎或晾晒有助于提高原料的干物质和糖分含量。

④豆科牧草青贮时,可与一定量的禾本科牧草混合青贮或原料中添加一定量的糖蜜,可提高其青贮品质。

(3)青贮原料的水分调控:控制好原料的含水量,理论上讲,在合适时间收割的原料可随割随贮,但对部分含水量较高的原料收割后其水分含量超过青贮要求,须通过凋萎、晾晒或在原料中加入吸水性强的饲料来调节水分到最适程度。

(4)控制作业速度:在青贮工作中,要把握"六快"原则:即快收、快运、快切、快装、快压、快封。收割、运送、切碎、装填、压实青贮原料的速度要快,小型窖最好在一天内将窖装满,并完成全部青贮作业,大型窖两天内将窖装满,并封盖好。拖延封窖时间对青贮发酵有不利影响。对一个地方而言,如果对大面积的饲草进行青贮时,也应尽量缩短青贮作业时间,青贮制作过程越快越好,一般控制在一周以内为好。

(5)保持卫生清洁:在青贮过程中,还应保证青贮原料与环境的清洁卫生,以确保青贮质量。此外,为了提高青贮饲料的质量与延长其保存时间,也可以在原料中加入一定量的防腐剂如福尔马林与甲酸及一些营养元素如尿素等。

56. 开窖前的管理有哪些

(1)再密封:青贮原料装填入窖封盖后,经过5~6天就进入乳酸发酵阶段,窖内原料开始脱水和软化,体积减小或收缩,窖内原料会发生下沉,随着原料下沉,顶盖会出现裂缝,或因盖土过于黏重,干后坚硬起拱,会出现悬空,这些现象的发生都会使空气进入窖内。因此,从青贮后的第3天开始就应该每天检查一次窖顶变化情况,若发现窖顶下沉出现裂缝时,要及时踩实或拍实,并进行补土;出现悬空也要及时踩下去,并进行培土。一般经过10天左右,达到乳酸发酵中、末期就不再会下沉,这时可以将窖顶用土培成馒头状或脊形,高出窖沿30厘米,再用湿土或泥抹上一层就可以了。

(2)发现破损及时修补:为了避免封好后的青贮窖盖顶不受损坏,要在窖的四周设置障碍物,防止家畜上窖顶踩踏,造成窖顶损坏,若发现窖顶破损,应及时进行补修。以免引起透气,影响饲料的青贮品质。

(3)采取防雨措施:青贮窖内既不能进气,也不能进水,如果雨水进入青贮窖内,一方面会冲淡青贮饲料的酸香气味,降低适口性,另一方面严重时,则可引起青贮饲料的腐烂变质,而不能利用。因此,青贮窖在进行最后的封盖时,要考虑到窖盖顶的防水问题,窖顶最好要光滑,有一定的坡度,要确保出水流畅,窖的周围应该有排水沟,将雨水及时排出。

(4)增加覆盖物:一般青贮好的饲料总是要经过寒冷的冬天,尤其是北方往往是在冬春季才开始饲用青贮料。如果青贮窖顶上不加覆盖物的话,封盖窖顶的泥土就会被冻透,而变得非常坚硬,在启封破土时,一方面非常费劲,另一方面也可能使取料口开得很大,而使密封性变差。因此,在冬季上冻前,应在窖顶上增加覆盖物,可以将柴草堆放在窖顶上,取料的窖口应该盖上较厚的柴草,每次取完料应该再盖好窖口。

(5)防止鼠害:青贮窖易受到老鼠的危害。青贮饲料散发的酒香味,易招引老鼠咬食或打洞,青贮窖或青贮袋一旦遭到老鼠的危害,青贮窖或青贮袋内就会进入空气,很快就会引起饲料腐烂变质。因此,要采取安全有效的措施进行鼠害防治,发现青贮窖有鼠洞应及时采取补救措施。在投放鼠药时,一定要注意安全,要记录鼠药投放地点,以免混入饲料中,或被家畜误食。

57. 如何进行开窖

入窖的青贮饲料经过一段时间(一般为45天左右)的发酵,就变成质地柔软、气味酸香、营养丰富的优质青贮饲料,这时就可以开窖使用。

开窖的方法取决于青贮窖的形状,圆形青贮窖开窖前应清除密封时的盖土、铺草等物,以防与青贮料混杂,并及时运走。然后将覆盖薄膜以及腐烂的青贮料剥离掉,直至露出好的青贮料为止。

青贮壕或长方形窖应从留有斜坡的一端开始清除,可先清除一段(1米左右)开口处上部盖土及草料等,取完一段后再清除一段盖土及草料,分段开启。由窖内取出的杂物和腐烂的青贮料,应及时清除掉,不要堆放在窖旁,以免与青贮料混杂。

58. 开窖后的管理有哪些

(1)开窖时间:开窖时间因青贮原料的不同而有所差异。一般来说,含糖量较高,容易青贮的饲料,如玉米、高粱及苏丹草等禾本科牧草发酵需要 30~35 天,质地较硬的秸秆可推迟到 50 天左右,豆科牧草由于含糖量较低,且缓冲能力较高,属于不易青贮的饲料,如苜蓿、花生秧及其他含蛋白质丰富的饲草,发酵过程需 3 个月左右。

(2)开窖方法:开窖前,应清除封窖时的盖土、铺草等,以防止杂物混入青贮饲料中引起变质。长方形窖自一端开口,分段取用,青贮池自上而下分层取用。

59. 开窖后如何鉴定青贮饲料品质

用含糖量较高,易青贮的原料,如玉米、苏丹草等禾本科饲草作青贮时,只要方法正确,经过 20~30 天的发酵,就能制成青贮饲料;用含糖量较低、蛋白质含量较高的不易青贮的原料,如苜蓿、胡枝子等豆科饲草作青贮时,需要经过 50~60 天或更长时间的发酵才能制成青贮饲料。青贮饲料在饲喂前和饲喂期间,要对青贮饲料的发酵品质进行鉴定。

开窖后的青贮饲料需要进行品质鉴定,可根据前面介绍的青贮料品质鉴定方法进行。由于广大农户条件有限,一般通过青贮饲料的外在表现特征,用眼睛、鼻子和手进行看、嗅和摸的感官鉴定即可。一般优质的青贮饲料颜色呈青绿色或黄绿色。如果发现青贮饲料的颜色变黑或褐色,则说明青贮饲料已变质、发霉,须将变质的青贮饲料全部去掉后,再饲喂;

优质的青贮饲料气味酸甜,带有浓烈的酒香味和酸梨味。如果气味酸臭,则说明青贮饲料已发生霉变,必须查明原因,并采取相应的补救措施,才能饲喂;优质青贮饲料握在手里柔软湿润,如果抓在手里发黏或干燥粗硬,说明青贮饲料已发生霉变,必须经过处理后才能饲喂。

60. 什么是二次发酵

二次发酵是指打开青贮窖后,青贮饲料发热,温度急剧上升,出现饲料腐败变质现象,也叫好气性腐败。

61. 产生二次发酵的原因有哪些

产生二次发酵的主要原因是,由于青贮窖开封取料后,青贮饲料表面与空气接触,随之空气进入无氧状态的青贮料内部,此时被抑制了活动的好气性微生物,特别是酵母和霉菌开始活动和繁殖,导致青贮饲料的温度上升,这样就又促进了微生物的活动,使青贮饲料快速腐败。

青贮饲料发生二次发酵,不仅与青贮原料的调制技术、青贮窖环境的变化有关,也与外界气温、青贮密度以及青贮原料的水分含量有关,在生产中往往是由于这些因素的综合作用,导致二次发酵的产生。

62. 二次发酵对青贮饲料有哪些影响

经过二次发酵的青贮饲料,一是引起干物质损失,一般损失5%~10%,有时可达30%。二次发酵损失的营养物质是其价值高的部分,而且当干物质损失在10%以上时,会产生霉块及黏滑状的东西,不能饲喂。二是消化率、营养价值低。由于二次发酵微生物首先从营养价值高、易于消化的物质开始部分破坏,而不利用营养价值低的纤维及木质素。而且由于发热使蛋白质变质,利用率降低。三是卫生上的问题,二次发酵时,一些微生物产生毒力较强的物质,不仅使家畜出现乳量降低、中毒、下痢、流产等现象,而且使乳房炎发病率明显上升。因此,应尽量杜绝或减少青贮饲料二次发酵。

63. 防止二次发酵的方法有哪些

(1)利用微生物方法　为防止二次发酵,在青贮时应选择能抑制引起二次发酵的酵母菌及霉菌的青贮料。由于优质青贮料中含有的酪氨酸能抑制酵母及霉菌的繁殖故不易发生二次发酵。由此原理,可调剂添加乳酸菌,促进乳酸菌发酵,产出酵母少的优质青贮料,从中抑制二次发酵。具体可按以下方法进行:

—在适宜期收割原料,使水分含量为70%。

—整齐地切断,长度0.9～1.2厘米。

—添加有效的乳酸菌。

—充分踏压,使密度达到700公斤/立方米以上。

—尽早密封。

—熟化1～2个月。

(2)利用物理方法　二次发酵是因青贮料接触空气而发生的,所以用物理的方法切断空气进入青贮料是防止二次发酵的基本措施。为此应注意以下几点:

—青贮前,检查混凝土青贮室的壁面有无裂纹,铁皮气密式塔的呼吸袋有无破损,做到密闭无漏气。为防鼠虫害,可在塑料布上覆土20厘米,也可撒些杀虫剂等。

一要适时收割,太迟则作物较粗硬,不利于青贮密度的提高,其次材料要切短,充分踏压,使青贮密度提高。这样开封后空气不易进入内部,可有效防止二次发酵。

一使青贮室规模与青贮料的取出量相适应,即使增加青贮密度,青贮料之间也会留有空隙,空气从青贮料表面进入,浅处较多,深处渐少,因此每日取出量较少,空气则会进入青贮料的深处,引起好气菌的增殖。所以,必须在好气菌明显增殖前取出青贮料投饲。为此每日取出厚度在15~20厘米以上的青贮室规模较好。一般水平型青贮室较青贮塔表面积大,所以将青贮室分格为好,青贮塔可使用二次发酵防止板。

（3）利用化学方法　作为抑制二次发酵原因的酵母及霉菌生长繁殖的添加剂,丙酸及甲酸钙复合剂效果较好。添加0.3%~0.5%的丙酸可相当程度地抑制好气菌的繁殖,添加量0.5%~1.0%时,大部分好气菌被抑制。甲酸钙复合剂的主要成分为甲酸钙,它可选择性地抑制酵母及霉菌的繁殖,添加量0.2%~0.5%。其他添加剂如尿素、山梨酸、丙烯酸均可适当防止二次发酵。

（4）取料要合理　一是要正确取料。大型青贮窖要做到迅速取料,按顺序、按层次从窖里取料,竖窖从上到下,长型窖由一端向里,取料时开口要小,动作要快,取完料后立即封闭窖口,并用重物压上,防止空气进入;二是要准确取料,要根据家畜每天青贮饲料的用量,合理安排每天青贮饲料的取用量,要做到喂多少取多少,取料以当日喂完为准,以保持青贮料的新鲜,不要一天取数次或取一次喂好几天;另外,取出的青贮料应放在通风、阴凉的干净处,防止杂菌污染。

64. 青贮样品采集与保存的原则是什么

(1)样品采集：取样正确与否影响青贮饲料鉴定结果。因此，在进行青贮饲料品质鉴定时，必须正确取样，所取样要具有代表性和真实性。为了使样品具有真实代表性，取样应从青贮窖的不同部位和不同层次选取。取样因青贮窖器不同而有差异。

(2)取样的一般原则：首先应将封盖物如黏土、草层和上层发酵不好的青贮料去掉，直至发酵好的青贮料露出为止。对小型青贮窖(壕)，至少要从上、中、下和中部边缘部分取4个以上的样点。将多点取出的样品进行混合，样品混合要均匀，然后进行感官鉴定；或采用四分法取样，取其中四分之一进行实验室鉴定。每次样品重量约1公斤。对于大型青贮窖或青贮壕，则应多点取样。取样的部位以青贮窖的中心为圆心，由圆心到窖壁的40~50厘米处为半径画一圆周，然后从圆心及相互垂直的两直径与圆周相交的各点分别采样(图21)。可用土钻或取样器取样，或先将表面30厘米厚部分去掉，用锋利快刀切取15~18厘米见方块，从中取样。取样时

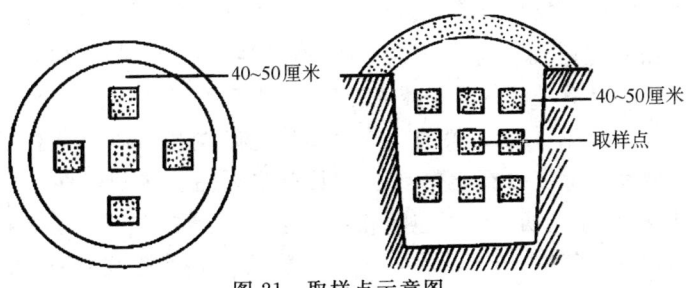

图21 取样点示意图

切记不可掏取。采样后立即封盖好窖口,以免空气进入,引起二次发酵。

(3)样品存放:取出后的样品,要立即装入自封的塑料袋中,随即进行鉴定处理,也可以将塑料袋密闭,置于4℃冰箱保存,待测。样品不要在常温下放置时间过长,以免发生变化,影响鉴定结果。

65. 青贮饲料品质的鉴定方法有哪些

评定青贮饲料的方法主要有感官鉴定、实验室鉴定、综合鉴定3种。

(1)感官鉴定:这种方法简单易行,广大农户和农牧场都可采用。主要是通过看、嗅、摸,并依据青贮料的颜色、气味和质地来判断青贮饲料的好坏。

①颜色 青贮饲料的颜色因原料种类和调制技术等的不同而有差异,一般青贮饲料的颜色越接近其原料本色越好。新鲜的绿色饲草调制成的青贮料,颜色多为绿色或黄(绿)色,农副产品或收获较晚的作物秸秆,颜色发黄的原料多为黄色。通常情况下,青贮饲料颜色为绿色或黄(绿)色的为优等;黄褐色或暗绿色的为中等;褐色或墨褐色的为劣等。但是也有例外,若在高温条件下发酵制成的青贮饲料有时呈褐色,如果青贮饲料具有较浓的酒香味,仍属于优质青贮饲料。

②气味 青贮饲料的气味是鉴定青贮饲料品质的重要指标。品质优良的青贮饲料通常具有水果甜香味和淡淡的酸味,类似于刚切开的面包味和香烟味,有些青贮饲料像新鲜酒糟那样的气味,给人清香舒适的感觉,不良的青贮饲料酒香味减少或没有酒香味,若青贮饲料散发臭味以及刺激人的不好

气味,如霉味等,表明这种青贮饲料的品质低劣。青贮饲料气味评级表如表12所示。

表12 青贮饲料气味及其评级(胡坚2002)

气味	评定结果	可饲喂的家畜
具有酸香味,略有纯酒味,给人以舒适的感觉	品质良好	各种家畜
香味极淡或没有,具有强烈的醋酸味	品质中等	除妊娠家畜、幼畜和马匹外,可喂其他家畜
具有特殊臭味,腐败发霉	品质低劣	不易喂任何家畜,洗涤后也不能饲用

③结构 良好的青贮饲料压得非常紧密,但拿在手中又显松散,质地柔软而湿润,茎叶多保持原状,还能清楚地看出茎叶上的叶脉和绒毛。相反,如果青贮料黏成一团,好像一块污泥,或者质地松散而干燥,都不是良好的品质。当掌握了用颜色、气味和结构等单项指标对青贮饲料品质评判后,通常是将青贮饲料的颜色、气味和结构结合起来,综合对其进行品质鉴定(表13)。

表13 青贮饲料感官鉴定(胡坚2002)

等级	颜色	气味	质地
上等	绿色或黄绿色	酸香味较浓	柔软稍湿润
中等	黄褐色或黑绿色	酸味中等或较浅,稍有酒味	柔软稍干或水分稍多
下等	黑色或褐色	臭味	干燥松散和黏结成块

(2)实验(室)鉴定:检测指标主要是酸度(H^+)、还有游离态铵离子(NH_4^+)、氯化物、硫酸盐等,所需试剂少、仪器简单、操作方便、通过定性测定来评定青贮饲料品质,不仅适用还提高了准确度,适用于大、中型养殖场。

①所需试剂 青贮料指示剂A+B的混合液,A液[溴代麝香草酚0.1克+NaOH(0.05摩尔)3毫升+水250毫升],B液(甲基红0.1克+95%乙醇60毫升+水190毫升),盐酸酒精乙醚混合液(相对密度1.19的盐酸+96%乙醇+重量比为1∶3∶1的乙醚),硝酸,3%的硝酸银溶液,盐酸溶液(1∶3),10%的氯化钡溶液。

②酸度测定 取400毫升烧杯盛半杯青贮饲料,浇入蒸馏水,不断用玻璃棒搅拌15～20分钟后,用滤纸过滤,将滤液2滴滴于白瓷比色盘内,加入青贮指示剂;或将滤液2毫升注入一试管中,加入2滴青贮指示剂,根据盘内或试管中浸出液颜色进行评定(表14)。

表14 青贮饲料的氢离子浓度(酸度)评定

pH值的范围	颜色	评定结果
3.8～4.4	红色→紫红色	上等饲料
4.6～5.2	紫→紫蓝	中等饲料
5.4～6.0	蓝绿→绿黑	下等饲料

③游离态铵(腐败鉴定) 游离态铵是由青贮饲料腐败变质过程中含氮物质分解而成的,通过定性测定饲料中游离铵的含量可以判定饲料是否腐败。在粗试管中加入2毫升B液,取适量青贮料伸入试管中,距试管液面2厘米,然后塞紧软木塞。如青贮饲料四周出现明显白雾,则表示饲料中游离态铵(NH_4^+)含量过大,饲料已经腐败;如果看不到白雾或白雾不明显,则表示饲料未腐败或腐败程度较低。

④氯化物和硫酸盐(污染鉴定) 根据游离态铵、氯化物及硫酸盐的存在来判定青贮饲料的污染程度。称取青贮饲料25克,剪碎装入250毫升的容量瓶中,加入一定容积的蒸馏

水(浸透即可),仔细搅拌,再加入蒸馏水至标线,在20～25℃下放置1小时,在放置过程中经常搅拌振荡,然后过滤备用。

氯化物测定:取上述的过滤液5毫升,加5滴浓硝酸酸化,然后加3%的硝酸银溶液10滴,如果出现白色凝乳状沉淀,就证明有氯化物的存在,说明青贮饲料已被氯化物污染。

硫酸盐测定:取滤液5毫升,加5滴1∶3的盐酸溶液进行酸化,再加入10%的氯化钡溶液10滴,如果出现白色混浊,说明青贮饲料已被硫酸盐污染。

(3)综合鉴定法:根据酸度、气味、颜色3项指标的综合情况对青贮饲料品质进行综合鉴定(表15),如果饲料pH值在3.8～4.4之间、酸香味浓、颜色呈原料颜色,则鉴定结果是上等饲料,适合饲喂各类牲畜;如果饲料pH值在4.6～5.2之间、酸香味淡、黄褐色或者墨绿色,该饲料是中等饲料,可饲喂除妊娠家畜和幼畜以外的各种家畜;如果饲料pH值在5.4～6.0之间、具有浓丁酸味或发臭、黑色,则属下等饲料,不能饲喂任何家畜,洗涤后也不能使用。

表15　青贮饲料综合评定

pH值	气味	颜色	评定结果
3.8～4.4	酸香味浓	原料本色	上等饲料
4.6～5.2	酸香味淡	黄褐色或黑绿色	中等饲料
5.4～6.0	丁酸味浓或发臭	黑色	下等饲料

66. 青贮失败的原因有哪些

青贮原料的水分含量、糖分含量及密封程度是影响青贮成败的关键。即使同一原料,收获时期不同,其成分含量也不一样,如果在调制过程中,不采取适当的措施,会导致青贮的失败。在开启青贮窖时,常常发现窖的边沿部位青贮料发生变质,这是经常见到的现象,但有时也会发现全部或大部分青贮饲料黏稠、霉烂、变色、异味等严重腐败现象。引起青贮失败的原因主要有以下几方面:

(1)含水量过多:青贮原料含水量过高,导致青贮窖内有厚厚的一层饲料腐败变质,并发出臭味;有刺鼻感,有水渍现象,用手触摸时感到黏滑。变质的青贮饲料适口性差,营养价值低,家畜采食过多会引起腹泻。

造成这种青贮饲料变质的主要原因:青贮饲料收获期不当,收获过早或收获时赶上阴雨天气,致使青贮原料含水量过高,青贮前又未对原料进行凋萎晾晒,或在青贮过程中和青贮后有雨水进入窖内。所以高水分发酵就不理想,对豆科饲草青贮其效果更差,原料稍经凋萎晾晒,其含水量降低,青贮品质会较好。

(2)含水量太低:青贮原料含水量过低时,在青贮填装过程中压实不够,窖中空气残存过多,会使青贮饲料发霉变质,具有焦味或霉味,呈褐色或深褐色。引起青贮饲料霉变的主要原因是青贮原料收获时过于成熟,收割太晚,或是由于原料切得过长,不易于压实或装窖不及时,延误时间太长,封顶过晚,致使青贮原料因氧化受热过度而使青贮饲料变质。

(3)酸度不够:青贮料含酸不足,不能制止发酵,有害细菌就可以起腐化作用,这些细菌产生的酶就会破坏相当多的蛋白质而产生异味,使青贮饲料变黏。

(4)酸度过高:饲草含糖非常高,例如用未成熟的玉米或高粱青贮,造成含酸过多,青贮饲料变得酸臭、极不适口,这种青贮若喂多了会使奶牛发生腹泻。

67. 取料的方法是什么

取料时,若周围有长白毛或腐烂的青贮料应仔细捡出抛弃。圆窖要自上而下逐层取用,切忌打洞掏取,长方形窖或沟形青贮壕应从青贮料的横断面垂直方向,由上向下一小段一小段的切取(图22),切取的工具可用饲料刀、锹或铁叉等。取料以当日喂完为准,以保持青贮料的新鲜,切勿一日取数次或取一次喂数日。每次取完青贮料后,必须随即用草帘或麻袋(最好用塑料薄膜)将窖口封闭严密,以免空气侵入青贮饲料中而引起变质霉烂、饲料冻结或掉入泥土。

图22 取料示意图

68. 取料时应注意什么

如果因天气太热或因其他原因保存不当,取料口表层的青贮饲料发霉或变质,应及时取出抛弃,不应该用于饲喂家畜,否则易引起家畜意外的疾病。取出的青贮饲料不能暴露在日光下,也不要散堆、散放,最好是装在袋内,放置在牛舍内阴凉处。每次取完青贮饲料后,把取料处再重新踩实一遍,然后用塑料布盖严。

现在国内一些牧场采用进口玉米青贮饲料取料机进行取料,这种机器可从上到下取料,包括各个层面的玉米青贮,减少了因各层面玉米营养成分不同造成的日粮不稳定,如果取料机带有揉碎功能,效果会更好,玉米棒等块状茎秆被揉碎,提高了利用率。

69. 如何饲喂青贮饲料

(1)驯饲:初喂青贮饲料时,部分家畜因不习惯而拒食。这就需要进行驯饲。方法有四:一是在家畜饥饿空腹时先喂少量青贮料;二是将少量青贮料与精饲料混合后先饲喂,再喂其他饲料;三是将青贮料放在饲槽的底层,上层放常喂的草料,使家畜逐渐适应气味;四是将青贮料与其他常用草料搅拌均匀后喂给。在驯饲的基础上,青贮料的用量可由少到多,逐渐增加,直到达到日粮要求的量。

(2)饲料的合理搭配:青贮饲料虽然是一种优质饲料,但不是各种畜禽唯一的饲料,即使是某种家畜专用的混配青贮饲料,也不可能是这种家畜的唯一饲料。因为,青贮饲料中含水量多,干物质相对较少,单一饲用青贮饲料是不能满足家畜营养需要的,特别是不能满足产奶母畜、种公畜和生长育肥家畜的营养需要,更不是家禽的主要饲料。另外虽然青贮饲料酸甜适口,但长期单一饲喂,畜、禽也会发生厌食或拒食现象,所以青贮饲料必须与干草、青草、精料和其他饲料按家畜营养需要合理搭配饲用。使用无机酸添加剂的青贮饲料,其中的无机酸会影响动物体内的矿物质代谢,产生钙的负平衡,饲喂此类青贮饲料时应注意补钙。有条件的奶牛户,最好将精料、青贮饲料和干草进行充分搅拌,制成全混合日粮也叫 TMR 饲料饲喂奶牛,效果会更好。

(3)饲喂方法:饲喂时,初期应少喂一些。以后逐渐增加到足量,让家畜如奶牛有一个适应过程,切不可一次性足量饲喂,造成奶牛瘤胃内的青贮饲料过多,酸度过大,反而影响奶牛的正常采食和产奶性能。喂青贮饲料时奶牛瘤胃内的 pH 值降低,容易引起酸中毒。可在精料中添加 13% 的小苏打,促进胃的蠕动,中和瘤胃内的酸性物质,升高 pH 值,增加采食量,提高消化率,增加产奶量。每次饲喂的青贮饲料应和干草搅拌均匀后,再饲喂奶牛,避免奶牛挑食。青贮饲料或其他粗饲料,每天最好饲喂 3 次或 4 次。增加奶牛"倒嚼"的次数。奶牛"倒嚼"时产生并吞咽的唾液,有助于缓冲胃酸,促进氮素循环利用,促进微生物对饲料的消化利用。农村中有很多奶牛户,每天两次喂料法是极不科学的,一是增加了奶牛瘤胃的负担,影响奶牛正常"倒嚼"的次数和时间,降低了饲料的转化率,长期下去易引起奶牛前胃的疾病。二是影响奶牛的消化率,造成产奶量和乳脂率下降。冰冻青贮饲料是不能饲喂奶牛的,必须经过化冻后才能饲喂,否则易引起孕牛流产。

(4)青贮饲料的饲喂量:饲喂青贮饲料的数量应考虑青贮饲料的种类、品质、搭配饲料的种类、家畜种类、生理状态、年龄等。

70. 如何计算青贮饲料饲喂量

如果按奶牛每 100 公斤体重计算,可喂给青贮饲料 8 公斤,一头 500 公斤重的高产奶牛,每天可饲喂 40 公斤,再加少量青干草,以及精料;一头 300 公斤重的育肥肉牛,每天可饲喂 25 公斤,再加一些蒸煮的碎玉米、棉籽饼、棉籽壳等。饲喂时,初期应当少一些,以后逐渐增多。对于幼畜,更要少喂一些,5 月龄以内的犊牛,一般应从牧草中摄取 1/3 的干物质,从谷物中摄取 2/3 的干物质。而且在这种月龄的小母牛，不宜饲喂尿素，对临产前母畜和产后母畜也应少喂青贮饲料，如妊娠最后 1 个月的母牛不应超过 10～12 公斤/天，临产前 10～12 天停喂青贮饲料，产后 10～15 天在日粮中重新加入青贮饲料。一般生产实践中可参考的饲喂量（公斤/天·头）（见表 16）。

表 16　不同家畜青贮饲料的饲喂量（玉柱 2003）

家畜种类	适宜喂量 （公斤/天·头）	家畜种类	适宜喂量 （公斤/天·头）
产奶牛	15～20	犊牛（初期）	5～9
育成牛	6～20	犊牛（后期）	4～5
役牛	10～20	羔羊	0.5～1.0
肉牛	10～20	羊	5～8
育肥牛	12～14	猪（1.5 月龄）	开始训饲
育肥牛（后期）	5～7	妊娠猪	3～6
马、驴、骡	5～10	初产母猪	2～5
兔	0.2～0.5	哺乳猪	2～3
鹿	6.5～7.5	育成猪	1～3

71. 饲喂青贮饲料的注意事项有哪些

（1）先要判断青贮饲料质量的好坏　凭感官分析，就可大体做出判断，颜色青绿或收获时为黄色，贮后变黄褐色亦可；气味带有酒香，质地柔软湿润者为最佳；如果颜色发黑（或褐色），气味酸中带臭，质地粗硬者为劣。发霉的则不应喂用。

（2）青贮饲料完成发酵时间　一般为 30～50 天，豆科植物的发酵过程需 3 个月左右。每次取出数量以当天喂完为宜。

(3)饲喂青贮饲料的饲槽要保持清洁卫生 每天必须清扫干净,以免剩料腐烂变质。

(4)注意饲喂数量 青贮饲料具有酸味,在开始饲喂时,有些家畜不习惯采食,为使家畜有个适应过程,喂量宜由少到多,循序渐进。对幼牛及5月龄内的犊牛,要少喂一些青贮饲料,因为犊牛一般从牧草中摄取1/3的干物质,从谷物中摄取2/3的干物质。

(5)及时密封窖口 青贮饲料取出后,应及时密封窖口,以防青贮饲料长期暴露在空气中发生变质,饲喂后引起中毒或其他疾病。

(6)注意合理搭配 青贮饲料虽然是一种优质饲料,但饲喂时必须按家畜的营养需要与精料和其他饲料进行合理搭配。刚开始饲喂时,可先喂其他饲料;也可将青贮饲料和其他饲料拌在一起饲喂,以提高饲料利用率。

(7)处理过酸饲料 有的青贮饲料酸度过大,应当减少饲喂量或加以处理,可用5%~10%的石灰水中和后再喂,或在混合精料中添加0.75%~1.0%的小苏打(碳酸氢钠),以降低胃中酸度。也可以掺入切碎或粉碎的干草或干秸秆,降低酸味。

(8)家畜种类 青贮饲料是牛、羊等家畜的好饲料,但是不可大量用于喂兔,这是由于青贮饲料酸性大,过酸的环境会影响兔盲肠内微生物的生长与繁殖,致使微生物分泌纤维素酶的数量减少,往往造成消化不良,甚至引发酸中毒。一般来说,每只兔的青贮饲料饲喂量为0.2~0.5公斤/天。

(9)青贮时注意尿素的用量 为提高玉米青贮和牧草青贮的粗蛋白含量,一般都把尿素加入秸秆中进行青贮,尿素适宜加入量为 1000 公斤青贮饲料加 5~6 公斤尿素为宜,先将尿素溶化后,均匀地喷洒到青贮饲料中即可。若因为尿素摄入量过多造成氨中毒时,牛则反刍减少或停止,唾液分泌过多,表现不安、肌肉震颤、抽搐等症状,不及时治疗则会死亡,最简便的治疗方法是用 2%的醋酸溶液 2~3 升灌服。

72. 拉伸膜裹包青贮技术的应用如何

自 20 世纪 70 年代中期,国外在传统青贮的基础上研究开发了一种新型的饲料加工及贮存技术——捆裹青贮。从 1984—1996 年,由澳大利亚和英国研制生产的大型牧草捆裹青贮系统在世界许多国家得到了广泛的应用,制成的草捆达 1 亿多个,涉及的牧草品种包括紫花苜蓿、红三叶、黑麦草、大麦、黑麦、燕麦、箭舌豌豆等。据报道,美国、英国、澳大利亚等畜牧业发达国家已在牧草捆裹青贮及贮存过程中的营养成分分析、青贮质量评价、对动物生产性能的影响及经济效益分析等方面进行了深入的比较和研究工作,形成了一系列科学的监测管理体系。朝鲜、日本、巴西以及非洲一些国家先后引进了该项目技术与设备,针对各自特有的自然条件和生产条件,就适宜捆裹青贮的牧草种类及其组合、捆裹青贮及常规青贮质量比较及评价等方面作了大量的试验研究,对各国草地资源的高效利用及畜牧业的持续发展起到了十分重要的推动作用。

长期以来,我国在牧草及青饲料青贮方面一直沿用传统的方式,青贮的技术和设备均远远落后于世界先进水平,所开展的研究工作亦较少。直到 1996 年内蒙古呼伦贝尔盟才首次从澳大利亚引进了牧草捆裹技术及其相关设备,并捆裹青贮牧草3000吨之多。1997年青海省牧科院引进了一套小型捆裹青贮机械,在海拔3200米的高寒牧区对单播燕麦、燕麦箭舌豌豆混播牧草都进行了捆裹青贮试验,抽样分析结果表明其多项评价指标的优良等品率为70%～80%,营养成分损失较低,能保持新鲜牧草的优良品质。北京、上海、安徽、湖南、广东、河南、青海等省分别对稻草、玉米秸秆、地瓜藤、芦苇、甘蔗尾叶等进行了裹包青贮试验和应用,测试报告都证实了其效果良好。

73. 拉伸膜裹包青贮的优点有哪些

拉伸膜裹包青贮与传统的窖装青贮相比具有以下几个优点:

(1)损失浪费极小　传统窖装青贮由于不能及时密封或密封不严,往往造成窖上部的霉烂变质。据调查,仅此一项可损失总量的15%左右,另外,由于青贮原料的含水量较大,在制作过程中水分渗漏造成干物质的流失。此外,窖装青贮,在开窖后,由于日晒和雨淋、霉烂造成较大损失,而草捆裹包青贮则几乎没有霉烂,也不会造成水分的渗漏,而且抗日晒、雨淋、风寒的功能很强,因此损失将降低到最低程度。

(2)灵活方便　首先是制作、贮存的地点灵活,可以在农田、草场,也可以在饲养场院内及周边任何地方制作;其次是制作方便,既不用挖青贮窖,盖青贮塔,也不用大量的人力进行笨重劳动,并且提取和运输方便。用拉伸膜包装的草捆,运输起来如同运集装箱一样方便。另外,由于每批的贮量可大可小,从而给每茬收获量较小的饲草品种开了方便之门。如某些牧场、农场种植苜蓿,每茬产量仅在5万～10万公斤,窖贮就很不划算，而采用打捆裹包就比较方便。

(3)青贮发酵品质好　由于制作速度快，被贮饲料高密度挤压结实，密封性好，所以乳酸菌可以充分发酵，调查表明，在原料含水量为65%以下的条件下，均表现乳酸菌发酵形式，丁酸含量极少。

(4)生产性能好　据内蒙古现场对比饲养试验，用拉伸膜青贮饲料饲喂肉牛10头，不仅在9—12月的寒冷季节没有掉膘，反而平均日增重0.63公斤；而饲喂干草的牛，平均每日减少体重0.1公斤。饲喂2岁以下肉牛，集中育肥3个月，屠宰时比对照组的肉牛，每头平均多增重50公斤。从7月份开始用青贮草捆饲喂奶牛，产乳高峰期延长2个月，日平均产奶量增加5~7公斤。

(5)不污染环境　窖贮制作过程中渗漏不但会降低饲料营养品质，而且还会污染土壤和水源，青贮裹包草捆无渗漏，不污染环境，使农村环境更优雅卫生。

(6)成本低、效益高　传统窖贮由于霉烂变质，干物质流失、加之日晒、雨淋或地下水的浸泡造成较大损失，据调查，损失量占总贮量的30%左右。以100吨的青贮窖计算，窖贮青贮玉米，每公斤成本以0.2元计，100吨青贮的损失可达6000元。此外，窖贮在制作时需用大量人工，以目前的劳动力价格计算，制作100吨玉米青贮仅上窖人工费就需6000元，而且劳动强度大，天热工作很辛苦，而100吨草捆（或袋贮）的塑料拉伸膜成本仅为2800元左右，仅此一项可节省近万元。

(7)保存期长　拉伸膜裹包青贮不受季节、气温、日晒、雨淋、风寒、地下水位的影响，可在露天堆放，长达1~2年不变质。同时可以节省建仓库、搭草棚的投资费用。

(8)节省了建窖占用土地　节省建窖投资费用和维修费

用。

(9)便于饲草的商品化生产。

74. 拉伸膜裹包青贮的缺点有哪些

拉伸膜裹包青贮技术虽然有许多优点,但是在实际应用中还存在一些不足,有待进一步改进和提高。

(1)一次性投入过高　从长期来看,裹包青贮的经济效益比较高,但是如果要采用该技术来制作青贮饲料时,需要购买打捆机和裹包机等,有一定的初期投入。另外,目前拉伸膜主要依靠进口或合资企业生产的产品,膜的成本比较高。由于一次性投入过高,对该技术的推广应用有一定的影响。

(2)容易引起密封不良　裹包机使用方法和拉伸膜选择上如果出现失误会造成密封性不良,在搬运和保管拉伸膜青贮饲料过程中有时会把拉伸膜损坏,而拉伸膜一旦被损坏,酵母菌和霉菌就会大量繁殖,青贮饲料也将变质。还容易造成在不同草捆之间或同一草捆的不同部位之间水分含量参差不齐,出现发酵差异,给饲料营养设计带来困难,难以精确掌握恰当的供给量。

(3)容易遭到老鼠和鸟的破坏　原料裹包青贮之后,多数情况下青贮包是在露天存放,经常会被老鼠啃破拉伸膜或被鸟啄破拉伸膜,而造成漏气现象。

75. 拉伸膜裹包青贮如何作业

(1)配套设备:牧草收割机、翻晒机、搂草机、捆草机、裹包机及其配套动力,青贮专用拉伸膜,打捆专用绳。

(2)作业流程:固定式作业 收割→晾晒→搂集→打捆→裹包→运输→堆垛。

走动式作业 收割→搂集→打捆→集中草捆→裹包→运输→堆垛

①收割 在禾本科牧草抽穗期、豆科牧草现蕾至初花期,选择晴天,用牧草收割机进行刈割,留茬高度5~8厘米,割倒后的牧草要成条状铺放。

②晾晒 割倒的草条不宜过厚,太厚的草条需要进行翻晾,禾本科牧草含水量控制在60%~75%,豆科牧草含水量控制在45%~55%。

③搂集 视捆草机的作业形式而采取不同的搂集方式,若自走式捆草机,可将两行草条合并成一行,若固定式捆草机,可将牧草搂集成草堆。

④打捆 将捆草机固定在草堆前,人工填入牧草;自走式打捆机顺着草条通过自走捡拾作业打捆。成型草捆规格(直径×长度)50×80厘米,重量40~50公斤。

⑤裹包 将打好的草捆移到裹包机上覆膜4层,用打捆专用绳捆好。裹包机的转盘转速控制在30圈/分,拉伸膜的覆膜率应为50%,拉伸率为250%~280%。

⑥运输与堆垛 用运输工具将裹包机打捆好的草捆运输到地势较高处放置,放置的地方要方便取用;有利用于防鼠、防虫等。

76. 拉伸膜裹包青贮贮藏管理的原则有哪些

裹包好的草捆,应存放在人、物流动相对较少的地点,防止老鼠或其他原因造成破损,同时要防止风吹、日晒和雨淋。

贮藏期要定期检查草捆,一旦发现破洞要及时补好。裹包好的草捆至少放 30 天以上,直到喂牲畜时才能将草捆打开,要根据饲喂量开包,不要提早打开(图 23)。

图 23 裹包青贮作业过程

77. 捆裹青贮注意事项有哪些

——捆裹开始前要检查和保养好所有农机具,确保整个工作的顺利进行。

——每天开始割草前,要根据实际情况,将割草机的割台设定在合适高度上,否则将翻起泥土,弄脏草料。

——割草结束后,用拖拉机和搂草机将割好的牧草搂成行或堆。

——测试草料的含水量,禾本科牧草含水量控制在 60%～75%,豆科牧草含水量控制在 45%～55%时,就可打捆裹包。

——没捆好的草包放置在远离牲畜的地方,注意轻拿轻放。

——放置草捆时,使捆裹柱体的圆形底面朝下,放置的草捆层数不超过3层。

——定期检查草捆,一旦发现破洞应及时补好。

——裹包好的草捆至少要放一个月以上,直到喂牲畜时才能将草捆打开,且根据饲喂量开包,不能提早打开,避免营养损失和二次发酵。

78. 什么是全混合日粮 (TMR)

全混合日粮(Total Mixed Rations,TMR)是根据家畜的营养配方,将含有所需营养成分的干草、青贮饲料或其他农副产品等粗饲料、精饲料、矿物质以及维生素等均匀混合而成的一种营养平衡日粮,含水量一般控制为35%～55%。TMR技术是一个古老的饲养模式,但它引起奶牛场管理者的重视并被看成现代化奶牛场智能化管理必不可少的一部分却是近些年的事情。目前,奶牛业发达国家如美国、加拿大、以色列、荷兰、意大利等国普遍采用TMR饲养技术;亚洲的韩国和日本,TMR饲养技术推广应用也已经达到全国奶牛头数的50%以上。我国自20世纪80年代将TMR饲养技术引入了国内,现在北京、上海、广州等地的一些大型牛场都已使用了TMR饲养技术,并取得了良好的效果,它的使用能够保证奶牛摄入均衡的营养,节省大量的人力和物力,并提高奶牛的生产性能,是奶牛养殖业的第二次革命。

79. 什么是 TMR 青贮？其特点是什么

TMR 青贮是把调制好的 TMR 饲料进行一段时间的密封贮藏，经过乳酸发酵而调制成的全价发酵饲料。其优点是在达到有效保持 TMR 原料的营养价值的同时通过发酵产生的生物活性物质增加其附加价值，并提高 TMR 的贮藏性，便于 TMR 的商品化和流通性。

基于我国的奶牛饲养模式，现阶段推广和普及 TMR 饲养技术存在着一定的问题，要使占绝大部分的小规模养殖场和养殖户也能应用 TMR 饲养技术，只有通过 TMR 配送服务。TMR 饲料配送是一种新的饲料供给和服务形式，它是指由配送中心就地取材，集中生产不同饲养阶段的 TMR 日粮，再提供给周边的奶牛养殖户，并向养殖户提供 TMR 饲喂相关技术咨询的服务方式。

TMR 日粮一般现配现用，不能久存，而现阶段 TMR 的配送尚不能实现日配送，因此要实现 TMR 的商品化和流通性就需对其进行一定的包装和贮存，即调制成 TMR 青贮后在进行配送和饲喂。青贮后的 TMR 不仅具有 TMR 原有的优点，同时，TMR 通过厌氧发酵可以使一些营养不平衡和适口性较差的副产品得到改善，提高它们的利用率。实践证明，通过青贮可以实现 TMR 在一定时间的有效贮存，进而可以实现 TMR 的流通性和商品化，使一些中、小型养牛场、养殖户也可以用到 TMR 日粮。

80. TMR 青贮调制的基本要求有哪些

(1)调整水分　为了促进乳酸(或酒精)发酵、提高贮藏性,水分含量要求保持在 35%～55%,原料水分含量较低时可以加水。

(2)高密度　青贮的基本要求是尽量降低好氧性发酵,因此,贮藏时要提高 TMR 的密度。提高密度可以降低开封后发生二次变败的危险性。

(3)及早密封　为了减少搅拌、装填后由于好氧性发酵而造成的营养损失应及早进行密封。

81. 全混合日粮 (TMR) 技术的优点有哪些

在 TMR 技术开发应用以前,传统的饲喂方法是粗饲料与精饲料按先后顺序单独饲喂。与传统的分离饲喂法相比,TMR 具有以下一些优点。

(1)避免奶牛挑食　各种粗饲料、精饲料被均匀混合在一起,避免奶牛挑食与营养失衡现象的发生,同时 TMR 日粮还能够保证饲料的营养均衡性。

(2)改善奶牛的瘤胃机能　精料能产生大量的酸,需要采食大量的纤维来刺激唾液的分泌,唾液可用来缓冲瘤胃酸度。TMR 的饲喂使奶牛均匀地采食精粗饲料,防止了奶牛在短时间内因过量采食精料而引起瘤胃 pH 的突然下降,同时使瘤胃微生物处于一个稳定、良好的生存环境,维持了瘤胃微生物的数量和活力,使发酵、消化、吸收及代谢能够正常进行。TMR 饲喂方式使饲料营养的转化率提高,能够有效预防营养代谢紊乱,降低真胃移位、酮血症、瘤胃酸中毒等营养代谢疾病的发生率。

(3)供给瘤胃微生物稳定而平衡的营养成分饲喂　TMR日粮能使蛋白、能量和纤维饲料同时提供给瘤胃微生物,均衡的营养供应使瘤胃微生物繁殖迅速,加快微生物生长及微生物蛋白的合成。

(4)改善奶牛体况,提高产奶能力和繁殖效率　TMR是根据奶牛的营养需要配合的日粮,因此能够有效保证日粮中的营养均衡性,减少了偶然发生的微量元素、维生素的缺乏或中毒现象,与传统饲喂方式相比,TMR饲喂方式可以明显地提高饲料利用率。此外,TMR饲养技术要求按照产奶量和生理阶段进行分群饲养,能够根据各群的生理状况和泌乳阶段的营养需要来制定日粮配方,这样就使个体的营养摄入量与需求量相平衡,使奶牛达到标准体况,保证了奶牛不同产乳阶段的产奶性能,提高产奶量、乳蛋白率、乳脂率,同时改善繁殖成绩。

(5)饲养管理科学、精确、简单,易于机械作业,提高劳动效率　用于配合TMR日粮的每一种原料都是经过精确称量,根据各自的营养成分含量按奶牛所需的营养科学配合,减少饲养的随意性,使得饲养管理更精确。同时,TMR技术还可以简化劳动程序,让日粮加工和饲喂过程全部实现机械化,使饲喂管理省工、省时,能大幅度提高劳动效率,有利于推动奶牛养殖业向规模化、产业化方向发展。

(6)开发饲料资源,降低饲料成本　一些品质较低或带有异味的粗饲料和农副产品单独饲喂时,家畜不太喜食或很少采食,经过TMR的调制和加工处理,可以使那些廉价且不易利用的原料得以充分利用,从而降低日粮成本,增加经济效益。

综上所述,TMR 的利用可使家畜饲养管理更科学合理,减少疾病发生,提高生产能力,降低饲料成本,减轻劳动负担等诸多优点。但它也有明显的不足。

82. 全混合日粮（TMR）技术的缺点有哪些

(1)TMR 设备价格高　TMR 的调制要求所有原料均匀混合,青贮饲料、青绿饲料、干草需要专用机械设备进行切短或揉碎。为了保证日粮营养平衡,要求有性能良好的混合和计量设备。TMR 通常由搅拌车进行混合,现阶段购买一台 TMR 搅拌车需要十几万,甚至上百万,一次性投资较大。因此,TMR 饲养方式适用于具有现代化牛舍、饲养管理规范、存栏数量较多的大规模牛场。而中小规模奶牛养殖场和养殖户在利用 TMR 饲喂技术时可以采取以色列和日本的 TMR 配送中心模式。

(2)专业技术要求高　TMR 饲养技术在实施过程中,必须准确掌握原料的营养成分变化,经常进行检测,及时对 TMR 进行调整,以满足奶牛的营养需要。还需经常对 TMR 料的营养浓度进行检测,控制其水分含量在正常范围内。因此,TMR 技术的开展必须有专业的营养技术人员。此外,TMR 机械的正常运行、常见故障的处理和维修等都需要专业的操作和维修管理人员,因此对使用人员的素质要求也较高。

(3)分群饲喂,频繁分群　如果在泌乳早期 TMR 的营养浓度不足,则高产奶牛的产奶高峰有可能下降;在泌乳中后期,低产奶牛如不及时转到 TMR 营养浓度较低群,则奶牛有可能变得过肥。因此,全场奶牛需要根据生理阶段、产奶量等进行分群饲喂,每一个群体的日粮配方各不相同,需要分别对待。

83. 如何选择TMR青贮饲料的原料

充分利用当地生产的精饲料、粗饲料、副产品,集中生产不同饲养阶段的TMR青贮饲料。

精料:包括能量饲料(玉米、高粱、大麦等)、蛋白质饲料(豆粕、棉籽粕、菜籽粕等)及糟渣类(白酒糟、豆腐渣、啤酒糟、果渣等)饲料,含有较高的能量、蛋白质和较少的纤维素,它供给奶牛大部分的能量、蛋白质需要。粗料:包括青贮(玉米青贮、秸秆青贮、牧草青贮)、青干草(禾本科牧草、豆科牧草等)、青绿饲料(青刈饲料等)、农作物秸秆(稻草、麦秸、玉米秸等)等。具有容积大,纤维素含量高,能量相对较少的特点。一般情况粗料不应少于干物质的50%,否则会影响奶牛的正常生理机能。

补充饲料:一般包括矿物质添加剂、维生素添加剂等,占日粮干物质的很少比例,但也是维持奶牛正常生长、繁殖、健康、产奶所必需的营养物质。

84. 如何选择TMR青贮饲料配套设备

搅拌装置:常见的TMR混合搅拌车有立式、卧式;牵引型搅拌车、座型搅拌车等,大部分都配有计算机智能化控制和操作系统,有的厂家的混合机设计有刀片,可以切断长的干草。目前,TMR搅拌车既有国产的也有进口的,种类较多。搅拌车的选择可以根据TMR青贮配送的情况,因场而宜加以选择,一般以固定式 TMR 混合搅拌设备(一般以电动机为动力)为宜。

青贮设备及资材:聚乙烯塑料袋、尼龙外袋、抽真空机,裹包机及其配套动力,青贮专用拉伸膜,打捆专用绳等。

图 24　TMR 搅拌车

85. 如何调制 TMR 青贮饲料

一般情况下采用 TMR 搅拌机进行原料的混合,混合的顺序通常遵循比重从小到大的顺序依次投入。例如:干草→精料→颗粒粕类→青贮→糟粕、多汁类饲料。搅拌时间一般以全部原料投入后继续搅拌 3～6 分钟,整体搅拌时间以 15～25 分钟为宜。不完全的混合会造成原料混合不均匀而失去 TMR 的整个目的,即要保证奶牛的每一口饲料是均匀和平衡的。搅拌时间过长,缩小饲料尺寸和过分研磨饲料使干草的长度过短,不利于促进反刍咀嚼以刺激瘤胃缓冲,并进一步导致消化不良、真胃移位、蹄叶炎和乳脂率低下。TMR 青贮饲料的水分含量一般控制在 35%～55% 之间,水分过低不利于裹包成型、TMR 青贮饲料的密度降低、原料间空气残留量大、不利于乳酸菌的迅速繁殖,植物细胞呼吸和其他有害微生物活动持续时间长,青贮料温度升高,养分损失多,同时,水分含量过低,家畜适口性不好,从而限制家畜的干物质采食量;如果水分含量过大,TMR青贮原料中糖分和汁液过稀,不能满足乳酸菌发酵所要求的浓度,有利于有害微生物的繁殖,使青贮料腐烂变败,品质变次,也会导致家畜干物质采食量降低,还会增加运输成本。

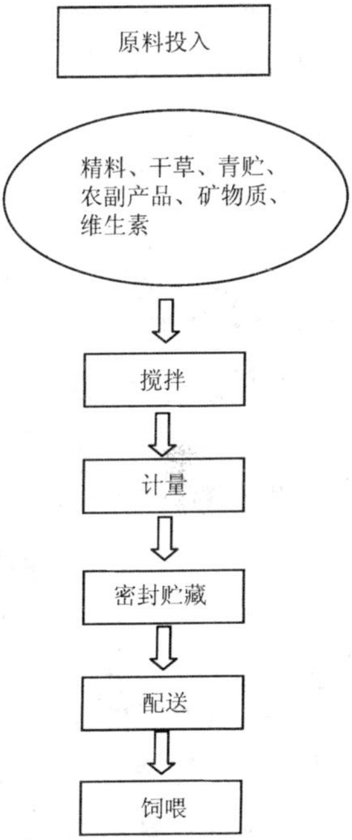

・质量、成分分析

・原料水分含量低的情况下加水

・冬季温度低的情况下为了促进乳酸发酵可以添加乳酸菌和酶制剂

・搅拌时间:全部原料投入后继续搅拌3～6分钟,整体搅拌时间以15～25分为宜。

・发酵过程中干物质损失1%～2%

・贮藏时间2～8周

・贮藏及配送过程中注意包装的完整,如有破损透气应立即修补

图25 TMR青贮的作业流程

86. TMR青贮饲料的贮藏方法有哪些

搅拌好的TMR原料,应立即密封、贮藏。贮藏的方式有

以下3种。

(1)袋式青贮 内袋用聚乙烯塑料袋进行密封,外袋用耐磨、结实的尼龙袋,外袋的侧壁上最好附有便于移动的吊带,而底部有能够开闭的开口(图26)。

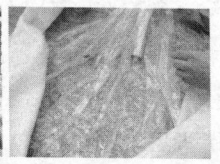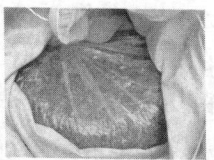

图26 袋式TMR青贮

装填密封后,由于发酵可能会产生气体(主要是二氧化碳),必要时应放气后再进行密封。这种贮藏方式制造设备装置成本较低,便于长途运输和开封后的保存。但贮藏时间不宜过长,一般不宜超过两个月。

(2)拉伸膜裹包青贮 将调制好的TMR用打捆机高密度压实制成圆捆(或方捆)后,用专用塑料拉伸膜紧紧地把原料裹包起来,造成密封厌氧的环境,从而制成优质的青贮料(图27)。

图27 拉伸膜裹包TMR青贮

这种贮藏方式作业机械化程度高、机动性强、捆包密度高、贮藏效果好、可以长期贮藏、取饲方便,能够实现产品的市场流通。但需要专用的设备和拉伸膜,机械成本较高。

(3)青贮窖(壕)青贮 将调制好的 TMR 按照一般的禾本科牧草或玉米青贮的方式进行装填、镇压并及早密封。这种贮藏方法成本较低,但存在配送时二次分装等问题。

87. TMR 青贮贮藏和运输时的注意事项有哪些

搅拌好的 TMR 原料,应立即真空密封、贮藏。密封贮藏后要注意观察,特别是贮藏后 2～3 天,由于发酵产生的二氧化碳等气体会使塑料袋膨胀,必要时可以在放气后再进行密封。塑料袋有针眼会透空气导致青贮饲料腐败,因此,要注意鸟、鼠及虫等对塑料袋或拉伸膜的损害。同时,贮藏期间应尽量避免太阳直射。

运输时应注意保持塑料内袋以及拉伸膜的完整,防止运输过程中发生破裂或透气从而导致青贮饲料腐败。另外,为了防止疫病传播,应加强对运输车辆及容器的彻底消毒。

88. 玉米青贮现状如何

青贮玉米早已成为许多畜牧业发达国家草食家畜,特别是奶牛饲养的常备饲料和肉牛育肥的强化饲料,世界各国之所以对发展青贮玉米非常重视,主要是由于青贮玉米产量高,土地利用率高,可以保证周年饲料和养分稳定均衡的供给,有利于畜禽产品的增产,同时青贮玉米生产机械化程度高,易于集中调制,常年喂用,可大大降低饲料成本,显著提高草食家畜养殖的经济效益。

在北美,据美国农业部的统计,美国每年的青贮玉米播种面积达 355 万公顷,占全部玉米种植面积的 12% 以上;加拿大青贮玉米播种面积达 190 万公顷。

在欧洲,青贮玉米的种植也非常广泛,全欧洲青贮玉米的种植面积大约 400 万公顷,青贮玉米达到玉米总种植面积的 80% 左右,法国每年青贮玉米的种植面积 144 万公顷,占全国玉米播种总面积的 80% 以上;意大利青贮玉米的面积发展到 50 万公顷,年制作青贮玉米饲料 1500 万吨,占各种饲料总量的 18%;荷兰用于种植青贮玉米的土地达 17.7 万公顷,占各类饲料总量的 30% 以上;匈牙利全国每年制作青贮饲料 700 万吨,其中 85% 以上是玉米青贮饲料;俄罗斯青贮饲料中有 80% 是由玉米加工而成的。

在亚洲,日本奶牛和肉牛饲养业过去主要是以青饲料为主,近年来逐渐发展成为常年利用青贮饲料,玉米青贮饲料年产量达 630 万吨;印度人口大约是我国的 3/4,粮食产量不到我国的一半,但是,人均动物性蛋白摄取量却与我国相差无几,这与印度采用的以作物秸秆为支撑的典型"草食型"畜牧业结构密切相关,目前印度牛的饲养量是我国的 3 倍,牛奶的产量是我国的 12 倍。

在我国,随着畜牧业的快速发展,特别是奶牛养殖业的崛起,使我国玉米青贮业也得到了快速发展。2002 年,全国种植饲料玉米达 270 万公顷,根据我国牛奶业发展的实际需要,即使我国人均用奶量达到发达国家的一半,也至少需要种植青贮玉米 400 万公顷。

89. 青贮玉米的品种有哪些

玉米被称作"饲料之王",不仅在于它的籽实可作为饲料,而且茎叶也是草食动物的良好饲草,同时玉米地上生物产量也较高。目前我国玉米品种较多,但用于青贮的品种主要有两类,一是专用型青贮玉米,二是粮饲兼用型玉米。

(1)专用型青贮玉米　是指将果穗、茎叶都用于青贮的玉米品种,其特点是植株高大、茎叶繁茂、营养丰富,非结构性碳水化合物(主要是淀粉和可溶性碳水化合物)含量高,木质素含量低,收获时具有较高的干物质产量,与其他青贮饲料相比具有较高的能量和良好的吸收率。目前,青贮玉米有两种不同的类型,一是分蘖多穗型,如科多八号、科多四号、真金32、墨西哥玉米等;二是单秆大穗型,如中北410、科青1号、东陵白、英国红玉米、北农208、饲宝1号、饲宝2号、精饲816等。

(2)粮饲兼用型玉米　是在获得较高籽实产量的同时,能提供大量的青绿秸秆用于青贮,在冷凉的地区还可以作为专用型青贮玉米使用,如中元单32、中单306、中单18、平玉5号、丰玉2号、农大86、纪元1号、硕秋8、辽原1号、白丁等。

90. 选择青贮玉米品种时应注意哪些因素

在选择青贮玉米品种时应考虑以下因素:

(1)植株高大,多分蘖、多叶片、多果穗;

(2)丰产性能好,高水高肥具有增产潜力和高产能力;

(3)抗病虫害性和抗倒伏性强;

(4)适口性好,淀粉、可溶性碳水化合物和蛋白质含量高,纤维素和木质素含量低,消化率高。

表17中列出2008年内蒙古林西县青贮玉米引种试验结果,测定时间为2008年9月20日,供选择品种时参考。

表17 不同玉米品种产量性状

品种	生育期	株高（厘米）	产量(公斤/公顷) 鲜重	产量(公斤/公顷) 干重
青贮专用：				
科多4号	抽穗期	308.1	84961.3	20786.7
科多8号	抽穗期	308.6	73625.1	17165.1
科青1号	蜡熟初期	311.6	74446.5	22129.8
东青1号	蜡熟期	254.5	88897.3	
北农208	乳熟初期	362.3	99169.2	24629.8
阳光1号	蜡熟期	231.4	86904.3	26672.8
东亚草王	乳熟初期	283.9	73453.6	17829.4
东陵白	乳熟初期	347.5	86139.9	22848.9
英国红	蜡熟期	327.8	85518.5	18336.6
粮饲兼用：				
中元单32	完熟期	252.2	73671.7	22888.5
中单306	蜡熟期	224.6	89011.5	18900.9
中单18	蜡熟期	229.6	91783.1	21715.4
平玉5号	蜡熟期	254.3	130527.9	29680.0
丰玉2号	蜡熟期	288.6	115005.7	29894.3
纪元1号	完熟期	231.8	100983.6	25829.8
农大86	乳熟初期	262.1	73332.2	22236.8
硕秋8	完熟期	235.9	95283.3	19300.9
金山7	完熟期	237.1	79375.4	20672.5
辽原1号	蜡熟期	283.2	117227.2	28057.8
白丁	乳熟期	237.1	114391.4	27929.9

91. 如何确定不同青贮玉米品种的收割时期

青贮饲料的营养价值除与玉米的品种和管理措施等有关

外,收割期对营养价值和青贮品质也有重要的影响。适时收割能获得较高的产量和良好的青贮原料。

(1)青贮专用玉米的收割时期　玉米收割的最佳时期为乳熟晚期—蜡熟初期,含水量在65%～72%之间较为合理,采用此时收割的玉米制作成的青贮饲料,饲喂奶牛可获得较好的效益。收割过早,青贮玉米的干物质低,含水量太高,营养物质容易流失;收割太晚,青贮玉米的消化率下降,特别是当含水量低于60%时,青贮玉米不易压实,由于空气含量高而产热,易引起霉变。所以为了获得优质青贮玉米,在收割时应把原料的干物质控制在30%左右。

(2)粮饲兼用玉米的收割时期　用于青贮的玉米秸秆在玉米籽实成熟后立即收割,这时玉米秸下部只有少数叶片变黄,含水量在65%左右,适合青贮。如果收割较晚,玉米秸秆尚青绿,但叶片已变黄,此时全株含水量在50%左右,尚可青贮,青贮时可稍洒水,也可不洒水进行半干青贮。在收割时,留茬高度可以适当放高,取其较嫩绿部分进行青贮。

92. 青贮玉米切碎的注意事项有哪些

一般要求切碎长度在1～2厘米。切碎长度也会影响玉米的青贮质量和利用率,过短则会加大加工成本。在生产上,一是用秸秆揉搓机将玉米青贮原料加工成丝状;二是用多功能粉碎机将其粉碎成丝状和片状;三是用铡草机将其切成小段,生产中应用得较多。切碎机应放置在青贮窖的旁边,便于切碎的青贮玉米原料由切碎机的出料口直接进入窖内。

93. 如何装填与压实青贮玉米

（1）准备工作 青贮原料装填前，要清洁青贮设施，将青贮设施内的杂物清除出去，并在底部垫15～20厘米厚的秸秆或干草，以便吸收青贮汁液。窖壁四周最好衬一层塑料薄膜，以加强密封性和防止渗漏。

（2）装填 青贮原料应边切碎、边装填。装填时，应逐层装料，每层厚约15～20厘米，最厚不要超过30厘米，将切碎的玉米叶、茎秆、果穗等混匀，因为果穗、茎秆等往往都落在靠近切碎机出料口旁，而切碎的叶片被风吹到较远的地方，摊平混匀有利于压实。如果是大型青贮容器，在一天内不能装填满的话，应该从青贮窖（壕）的一端开始装填、压实，装好一段密封一段，段与段之间的接口处应做成斜面，当天完工后，应将接口斜坡用拖拉机压实，再用塑料膜盖好，尽量减少切碎青贮原料在空气中的暴露时间。每个青贮窖的装填时间最好在2天内完成，最长不应超过3天。

（3）压实 在青贮饲料制作过程中，需要不断装填和压实。装填和压实是一个连续的过程。小型窖可采用人工压实法。如踩踏、夯实等，大中型窖要用拖拉机进行碾压。压实应沿边缘向中间进行，排出原料间隙中存在的空气，迅速形成有利于乳酸菌繁殖的厌氧环境。压得越实越好，特别要注意窖四周及窖角处的紧实度，拖拉机碾实不到处，一定要进行人工补压、踩实。每层装填原料的厚度影响压实效果，以每层装填原料15厘米的压实效果最好。使用履带式拖拉机可达到更好的压实效果，拖拉机自重越重，压实效果越好。拖拉机的行进速度也影响压实效果，应该让拖拉机缓慢行走，充分碾压原料,碾压速度小于5公里/小时。当原料装填完毕后或窖装填满后,仍用拖拉机继续碾压,直到拖拉机轮胎只留下很浅的压痕。

94. 青贮玉米的密封方法和注意事项有哪些

有效及时的密封是确保青贮饲料成功储存,并减少储存损失的关键。当原料装填与长方形窖口等高时,应继续向上填装,使中间高出窖口50~100厘米,呈圆拱形,一般以45°为宜。圆形窖顶可做成馒头形,"馒头"的高度应根据窖的大小和窖的宽度而定。装好压实后,在原料上铺上一层20厘米厚的柔软麦秸、稻草或禾草,然后加盖30厘米厚的湿土,拍实呈圆拱形或馒头形。若是青贮池,应在原料装满时,沿池四周将塑料薄膜的边缘埋入土中30厘米左右,池子上方塑料薄膜交叉的部分,用粘胶带封实,再在上面加盖一层塑料薄膜,最后用30~40厘米左右厚的湿土加压封好。

在封盖后的一周内,应每天检查盖土的状况,注意盖顶的下沉要与青贮原料一同下沉,并将下沉时盖顶上所形成的裂缝和孔隙用湿土及时抹好,以保证高度密封。

95. 不同切碎方法对青贮效果有何影响

表18列出了3种切碎方法(揉切、粉碎和切断)对全株青贮效果的影响,全株青贮玉米发酵60天后,青贮饲料的干物质含量在22%左右,粗蛋白质在9.73%~11.35%,可溶性碳水化合物在0.28%~1.93%,为优质青贮饲料。

表 18　全株青贮玉米化学成分　　　　　　单位:%

切碎方式	揉切处理	粉碎处理	切断处理
干物质(DM①)	22.13	22.05	22.41
粗蛋白(CP②)	11.35	8.04	9.73
粗灰分(CA②)	5.29	7.17	6.36
中性洗涤纤维(NDF②)	49.57	49.68	50.35
酸性洗涤纤维(ADF②)	33.47	32.92	33.63
酸性洗涤木质素(ADL②)	4.81	4.73	3.98
可溶性碳水化合物(WSC②)	1.93	0.28	0.42
氨态氮(TBN③)	0.038	0.043	0.041
氨态氮/总氮(TBN③/TN)	2.08	3.42	2.60
干物质消失率(DMD)	62.57	53.09	49.71
中性洗涤纤维瘤胃降解率(NDFD)	39.46	36.16	35.42

注:数字①表示以 FM 为基础测得,②表示以 DM 为基础测得,③表示由浸提液测得。

96. 制作玉米青贮饲料应注意什么问题

在玉米青贮饲料制作过程中,需要大量的人力和机械设备,并要求在短时间内完成收割、切碎、装填和密封等工序,因此,有许多问题需要注意。

(1)要组织好各环节的劳动力和机械分配,做到每个作业环节都要有人负责,当收割的玉米含水量符合青贮要求时,要做到边收割、边切碎、边装填、边压实,不能将收割后的玉米堆放在切碎场地,应该是切碎一车运输一车,更不能将收割后的玉米放到第二天进行切碎装填,当天收割后的原料必须在当天切碎、装填、压实,并覆盖封好。

(2)压实是青贮制作的重要工序,没有压实的玉米青贮其营养成分流失严重,且容易腐败。青贮窖地面流出物是含有大量可溶性营养物质的液体,千万不能小看这些液体。如果青贮玉米的含水量较高时,青贮饲料流出物中的营养物质损失可达10%,当青贮饲料含水量高于78%时,营养物质的损失更为严重。因此,从制作青贮一开始就要压实,边装填边压实,每层以15厘米厚最好。

(3)压制好的青贮玉米要及时密封,防止二次发酵,一般不要超过2天。要经常到窖边查看密封的塑料膜或窖顶上的覆盖物是否受损,盖土是否有裂缝,若发现薄膜被老鼠咬破或被异物扎破或有裂缝,应及时封补。现在有些大型青贮容器使用塑料膜覆盖,再压上轮胎或其他重物,但往往由于所压轮胎的密度不够或重量不足,表层总有空气残留,导致有害微生物(腐败菌、霉菌、丁酸菌等)的大量繁殖,引起窖内表层青贮饲料的腐败。生产实践中,可以在表层添加防霉抑制剂,包括甲酸、丙酸、甲醛等。

(4)在收割玉米时不要将杂物带入其中,如泥土,在用拖拉机压实时,要先将拖拉机轮胎上的泥土清洗干净,防止拖拉机的油污漏入青贮原料上。

97. 青贮饲料喂奶牛有何讲究

(1)质量好的玉米青贮应多喂,质量差的玉米青贮应少喂,挑除霉变的玉米青贮饲料。玉米青贮含有大量有机酸,有轻泻作用,因此不同类别的牛饲喂量不同,为防止流产,妊娠后期的奶牛以少喂为宜。一般泌乳牛饲喂量为15～30公斤/(头·天),干奶牛一般不超过15公斤/(头·天);以玉米青贮为主要粗饲料的日粮,应注意氨基酸平衡,玉米青贮日粮限制性氨基酸为赖氨酸,因而日粮中注意补充赖氨酸。我国的玉米青贮质量整体水平不高,因此妊娠奶牛应适当少喂,妊娠后期应停喂,防止引起流产现象。

(2)青贮饲料虽是奶牛的最佳饲料,但全年饲喂也不合理,夏秋季节要搭配其他青绿饲草,冬春季节要搭配10%的干草,力求多样化。如果在停喂一段时间青贮饲料以后,又开始饲喂时,要逐渐更换,不可一下足量饲喂,以免引起胃肠疾病。

(3)在喂青贮饲料之后不要马上挤奶或不要在挤奶时喂给青贮饲料,因为青贮饲料对牛奶的味道有影响,一般在挤奶以后再喂青贮饲料为好。

(4)霉坏的青贮饲料不能喂奶牛,虽然奶牛不像其他动物对霉坏或其他腐败的饲料那样敏感,但也会引起消化机能紊乱。冰冻的青贮饲料必须在化冻后使用,万万不可饲喂冰冻的青贮饲料。

(5)青贮饲料未经充分发酵,就不要开窖使用。

(6)饲槽要保持清洁卫生,饲喂过干草之后的饲槽,要将槽内尘土扫除干净,然后再投喂青贮饲料,以免使牛食用尘土等异物。

98. 苜蓿青贮的优点是什么

与调制干草相比,苜蓿青贮不但营养成分损失少,而且牧草的机械损失量最低。可保持青绿饲草的营养特点,适口性好,消化率高,家畜喜食,而且调制方便、易于保存。在北方一些地区,当进入仲夏,便进入降雨集中季节,此时也正是苜蓿的收获季节,往往容易使收割的苜蓿遭受雨淋,影响牧草品质,给调制干草带来一定的困难。有时候降雨后连续2~3天阴天,收割的苜蓿极易腐烂或损失殆尽。采用人工干燥的办法生产草捆或脱水苜蓿草可不受雨水的影响,生产出高品质的草产品,保持了青鲜苜蓿原有的营养特点。但由于所需要的设备价格昂贵,并要消耗大量能源,只能在有限的范围内应用。

99. 如何选择苜蓿青贮方法

苜蓿青贮多采用低水分青贮,即牧草含水量在40%~60%时青贮效果最好。可切碎青贮亦可整株青贮;青贮设施可用塑料袋装青贮、包裹青贮或用窖池、青贮壕和青贮塔青贮。苜蓿切碎青贮既科学又实用,可调制出优质的青贮饲料。大多利用窖池贮或壕贮,也可进行塑料袋青贮和包裹青贮。

整株青贮技术可在苜蓿能收获两茬草且第一茬草生长量较小,高度在50~70厘米时应用较好。整株青贮可用窖池青贮,也可包裹青贮或袋装青贮,包裹青贮或袋装青贮的方法比较适合进行整株青贮。

苜蓿塑料袋青贮和包裹青贮多用于规模化生产草产品或在水平较高的养殖场应用,国外应用比较广泛。我国广大的北方农区、牧区和半农半牧区使用,操作简便,生产成本低,经济适用。

100. 苜蓿切碎青贮的操作流程和注意事项有哪些

苜蓿切碎青贮,容易踩实,发酵效果比较好,可防止贮料变质;同等体积的青贮设施贮量较大,取料及饲喂方便。

(1)苜蓿窖(池)青贮　作业程序包括准备青贮设施、收割苜蓿、晾晒、切碎、装填压实和封盖。

准备好青贮设施：修建青贮设施时可根据地下水位情况，饲养家畜的数量、今后的发展规模及饲草的利用方式等确定青贮设施修建的形式、形状和大小，采用砖砌、石砌或水泥、沙石浆浇铸均可。一般根据地下水位可修建半地上式和地下式青贮窖、青贮壕，完全地上的青贮塔；青贮窖的形状可以为圆形、方形、长方形；根据饲养规模确定青贮窖和青贮壕的大小和数量。当苜蓿的贮量为0.5万～2.5万公斤时，青贮窖可修建为圆形，容积为20～100立方米，可建1～3个窖，使用和管理起来都比较方便。贮量达到2.5万～20万公斤时，须修建1～2个青贮壕，贮量大，可利用机械镇压，装填和取料都比较方便。

收割：苜蓿适宜收割时间非常重要，收割过早或过晚都会影响牧草的产量和品质。青贮苜蓿的收割时间，可根据饲喂畜种的不同和刈割次数不同来确定，用来饲喂奶牛时，应在初花期至盛花期刈割；饲喂肉牛和羊时在盛花期刈割，饲喂幼畜或怀孕母牛，在孕蕾期至初花期刈割，饲喂猪禽时在分枝期至孕蕾期刈割；一年收获2茬以上地区，青贮的第一茬苜蓿，刈割时间一般不要超过初花期。第二茬可在盛花期前后刈割青贮。在适宜收割期人工或机械割倒苜蓿，集成1米宽左右的草垅或小堆。

晾晒：在田间自然状态下，将苜蓿茎叶内的含水量晒至40%～60%，一般来讲，在内蒙古等地区的气候条件下晾晒3～5小时，苜蓿晾干至叶片卷为筒状，叶柄易折断，压迫茎秆能挤出水分，此时切碎入窖，其茎叶含水量约在50%左右。在赤峰市林西县等地区，由于气候干燥，苜蓿的含水量较低，在田间割倒苜蓿、拉回,再经过切碎到装窖,苜蓿的含水量正好达到50%～60%之间,基本不用在田间晾晒。

切碎:将晒好的苜蓿由田间运回,切成3～5厘米的碎段入窖。

装填与压实:分层装填原料,分层压实,每装填20～30厘米压实一次,小型贮窖人工踩实,大型的青贮壕用拖拉机压实,压实过程中注意拖拉机压不到的边角。贮料腐烂变质往往是边角踩压不实透气造成的,所以青贮壕的边角要人工踩实。

封盖:苜蓿青贮每立方米约装填400～500公斤,装填完毕,贮料高出窖口50厘米时,做成馒头状,青贮壕则做成屋脊状,上面盖塑料膜,膜上盖潮湿土20～30厘米即可,也可用鲜牛粪代替土盖在上面,并注意将四周密封好。

生产实际中,无论是苜蓿窖贮或壕贮,封顶时需要盖20～30厘米厚的土,无论是覆盖或清除时,都非常麻烦,还容易混入青贮饲料中,污染发酵好的青贮饲料。可采用水泥制块压盖,水泥制块大小为:长×宽×厚=100厘米×50厘米×10厘米或60厘米×40厘米×10厘米,水泥制块挨紧水平排放在塑料膜上,可覆盖一层或二层;奶牛或肉牛养殖场还可用鲜牛粪压盖,厚度为10～20厘米,当贮料发酵好后,正好牛粪晾干制成粪砖,用于燃料或肥料。使用上述两种材料覆盖时,要特别注意压封好边缘,防止透气透水。

(2)塑料袋青贮 苜蓿收割、晾晒、切碎等生产工序与窖贮基本相同,不同的是将切碎的贮料装填到塑料袋中,其生产的关键环节是:

塑料袋的选择:可选用市场上1.0米×1.8米的成品青贮袋或宽1米、厚0.08毫米以上的筒状塑料薄膜按青贮量的多少裁剪长度,用绳捆牢或用封口机封严一端即可。

装袋:首先检查青贮袋的完好性,应无破损,封口一端是否漏气,然后选择人畜不经常到的场地或贮草库,打扫干净,拉开青贮袋边装边摇边压实,装满后收口扎紧。

装填注意事项:装袋后整齐堆放在墙角或较安全的地方,经常检查青贮袋是否被人或鼠虫等损坏,一经发现,立即用胶带纸修补。贮藏15～30天后即可使用。

(3)苜蓿裹包青贮　拉伸膜裹包青贮是目前世界较先进的青贮技术,也是低水分青贮的一种方式。

裹包:将切碎的苜蓿打捆压实,主要目的是将贮料间的空气排出,最大限度地减少苜蓿被氧化的程度。该工序是由打捆机来完成的,一般草捆重量为500～600公斤/立方米,压缩率为40%左右。然后用裹包机械将草捆用专门青贮塑料拉伸膜包裹,经过30天左右完成发酵。

特点:拉伸膜裹包青贮的优点是节省人力,即使单独一人也能操作。目前市场上已有多种圆捆机、圆捆裹包机和多种规格的专用拉伸膜,可以根据需要选择机型和规格。收获过程中营养物质损失少,具有半干青贮料的优点,操作方便易行,调制和贮存地点灵活,可在田间、草地等任何地方制作。无须固定青贮设备,不发生二次发酵的危险,便于贮运。

(4)地面堆贮　目前国外应用较为广泛,地面堆贮生产成本低,技术简单,易操作,但对场地要求比较严格。选择平坦、干净的场地,如水泥地面、砖砌地面等,上铺一层塑料膜,将切碎的苜蓿,堆在一起,采用拖拉机进行压实,每堆一层,压实一遍,一般大堆贮高度达到2米左右,小堆青贮达到1.5米左右,压实后用塑料膜盖严,上压重物,防止漏气。地面堆贮适合在内蒙古等地区秋季青贮第二茬苜蓿,此时气候凉爽,降雨量少,正是第二茬苜蓿收割季节,比较适宜进行苜蓿地面堆贮。

101. 整株苜蓿青贮的特点是什么

在赤峰市林西县等地区,到6月中下旬苜蓿达到孕蕾期或初花期时,由于气候干旱,苜蓿生长量较小,有些干旱地区或气候非常干旱年份,苜蓿高度仅为50~70厘米,为适应奶牛、肉牛等草食家畜的反刍特点,同时节省劳力和投入,收割后可将整株苜蓿直接装入窖中,进行苜蓿整株青贮。2006年7月份和9月份林西县草原工作站分别利用小容器和青贮窖等进行了苜蓿整株青贮,同时进行了饲喂羊试验,均收到了非常好的效果,7月份苜蓿青贮采食率达98.2%,9月份第二茬苜蓿青贮采食率达87.5%。苜蓿整株青贮水分含量在50%~65%,苜蓿的叶片刚达到萎蔫时的含水量,实际操作中苜蓿收割后立即拉回装窖即可。

102. 苜蓿草捆青贮技术的包装方式有哪些?其特点是什么

草捆青贮技术是国外普遍应用的青贮技术,制作好的青贮草捆密度大,体积小,方便运输、保存和饲喂。此种方法青贮的苜蓿品质好,保持了新鲜牧草的营养成分,降低了粗纤维的含量,提高了牧草的消化率和适口性,而且成本较低。从包装上主要分两种方式。

袋装 将苜蓿割倒、晾晒到含水量为60%左右,用拣拾压捆机将苜蓿压制成形状规则、紧实的大圆形草捆,重量为500公斤。将压制好的草捆装入塑料袋中,选择适当场地将草捆垛好,再将袋口扎紧,不能漏气,即完成青贮过程。也可做成小方草捆,堆成小垛,用大塑料膜覆盖。

注意事项:一是水分含量要符合半干青贮要求;二是草捆密度越大越好,而且尽可能做到密度均匀一致;三是草捆与塑料袋之间的空隙不应太大,以"贴身"为最佳,以减少袋内空气残留;四是选择结实和具有柔韧性的优质塑料袋;五是要防止鼠虫害和其他因素的危害。

拉伸膜裹包 是在形成草捆的基础上,采用专用的裹包机,用青贮专用拉伸膜将草捆紧紧包裹起来,然后在畜舍附近找适当的地方堆放好即可。

目前我国生产中采用一种小型圆草捆成套机械设备,由上海凯玛新型材料有限公司出售的MP550型系列设备,包括小型打捆机和小型裹包机。生产的草捆直径55厘米,高52厘米,每个草捆重量为40~50公斤,适合奶牛等养殖专业户使用。

具体操作:将收获的苜蓿(水分含量50%~65%),运到场院等适宜场所,将苜蓿草先在捆草机上用塑料丝捆成圆柱形,也可用捡拾打捆机在田间直接打捆,将打捆的苜蓿再用拉伸膜青贮裹包机紧紧裹包起来,以外缠塑料膜3层最佳,形成密封状态进行发酵。

注意定期检查,发现破洞应及时修补。每个裹包后的草捆约重40公斤,一般裹包好的草捆30天后即可饲用,如果发酵良好而且无空气侵入,草捆就可长期贮藏。裹包青贮后的苜蓿呈茶绿色,气味微酸,pH值为5.0~5.5,叶脉清晰,枝叶整齐,无养分损失。苜蓿草捆裹包青贮可形成商品生产,就地利用或异地流通,并可调剂紫花苜蓿常年供应,并保证在雨季收割的苜蓿草不出现腐烂现象。

103. 如何进行苜蓿的混贮

(1)混贮原料选择 苜蓿蛋白质含量高,碳水化合物含量较低,因此,不利于青贮饲料的发酵。生产实践中苜蓿可以与青、黄玉米秸秆、甜菜叶、禾本科牧草、天然牧草、胡萝卜或饲用甜菜等进行混合青贮。所选择的混贮原料含糖量均高于苜蓿,可补充苜蓿含糖量的不足,促进乳酸发酵,提高青贮饲料发酵效果和品质。此外苜蓿还可以与豆科牧草如尖叶胡枝子、华北驼绒藜等混贮。

(2)混贮比例一般为苜蓿∶禾草=1∶1或2∶1,苜蓿∶其他牧草=1∶1或1∶2。

(3)关键技术 牧草在收获时以苜蓿收获时间为准,边切碎、边混合均匀两种或三种原料、边装窖,或边切碎边装窖,两种原料分层装填,装一层苜蓿,装一层禾草等其他牧草,每层厚度为10~20厘米左右,逐层压实。

104. 如何使用苜蓿青贮添加剂

苜蓿由于含糖量较低,因此在青贮时加入玉米面、蜜糖等增加其含糖量,可促进乳酸发酵,保证青贮质量;加入盐可以防止腐败菌的繁殖;加入乳酸菌或酶制剂等微生物发酵剂可提供大量乳酸菌,快速生成乳酸,抑制其他有害微生物的繁殖,提高青贮料品质。提供酵母菌、芽孢杆菌可促进乳酸菌的快速繁殖和增加青贮料中的益生菌数量;制剂中所含的消化酶可使青贮料中部分多糖水解成单糖,有利于乳酸菌发酵。

操作过程中,边装窖边撒入玉米面、盐或蜜糖,几种添加物分别占原料重的1%左右即可。微生物制剂可按产品说明添加。

在赤峰市林西县生产实践中苜蓿青贮时加入山东枣庄动物保健品有限公司生产的"采禾"牌青贮型秸秆发酵剂,缩短了发酵时间,提高了青贮的成功率,效果非常理想。

105. 苜蓿青贮质量评价方法有哪些

(1)感官评价　对苜蓿、苜蓿＋采禾、苜蓿＋青宝Ⅱ号、苜蓿＋益生康青贮的气味、结构和色泽进行评价(表19)。

表19　苜蓿青贮感官评价

添加剂	气味	结构	色泽	总分	等级
苜蓿	酸味很浓,有刺鼻的酸味或霉味	叶子结构保持较差或发现有轻度污染	变色严重,成墨绿色或褐色	6	3级中等
苜蓿＋采禾	有微弱的酸臭味或较弱的酸味,芳香味弱	叶子结构保持良好	略有变色,成淡黄色或浓褐色	15	2级尚好
苜蓿＋青宝Ⅱ号	有微弱的酸臭味或较弱的酸味,芳香味弱	叶子结构保持较差	略有变色,成淡黄色或浓褐色	7	3级中等
苜蓿＋益生康	有微弱的酸臭味或较弱的酸味,芳香味弱	叶子结构保持较差	略有变色,成淡黄色或浓褐色	13	2级尚好

(2)发酵品质分析　苜蓿整株青贮料发酵时间比切碎青贮稍长,可达到35～40天,饲喂量相同。在赤峰市北部林西县等地区,第一茬苜蓿青贮发酵好后,正好可以补充7～9月份奶牛缺少玉米青贮饲料和青鲜牧草的不足,是一项非常实用的科学技术。

测定苜蓿、苜蓿＋采禾、苜蓿＋青宝Ⅱ号、苜蓿＋益生康青贮饲料pH值和有机酸的含量见表20。

表20 添加剂对苜蓿青贮发酵品质的影响(各有机酸占总酸的比例％)

添加剂	pH	乳酸(LA)	乙酸(AA)	丙酸(PA)	丁酸(BA)	总酸(TA)	评价结果
苜蓿	5.12a	56.54dD	40.68aA	1.55bB	1.23aA	21.39	可
苜蓿＋采禾	4.18c	77.31aA	21.61dcD	1.08dC	0	53.81	优
苜蓿＋青宝Ⅱ号	5.08a	59.52cC	36.69bB	2.98aA	0.81bB	55.39	良
苜蓿＋益生康	4.48b	74.94bB	23.62cC	1.44cB	0	46.90	优

注：同列比较，不同小写字母表示($P<0.05$)，不同大写字母表示($P<0.01$)

(3)营养成分 测定苜蓿原料和苜蓿、苜蓿＋采禾、苜蓿＋青宝Ⅱ号、苜蓿＋益生康青贮饲料的营养成分含量见表21。

表21 添加剂对苜蓿青贮营养成分的影响 单位：％DM

添加剂	干物质(DM)	粗蛋白(CP)	粗脂肪(EE)	粗纤维(CF)	酸洗纤维(ADF)	中洗纤维(NDF)	粗灰分(ASH)
原料	37.37±0.04a	18.98±0.00d	1.83±0.02d	28.30±0.01ab	39.99±0.00a	43.37±0.01b	6.27±0.01e
青贮	34.33±0.00d	18.52±0.03e	2.66±0.02b	23.71±0.04d	38.23±0.03c	43.13±0.00c	7.41±0.03b
加采禾	37.37±0.01ab	19.90±0.03b	2.97±0.03a	21.61±0.03c	33.79±0.01d	37.09±0.02d	7.23±0.03c
加青宝Ⅱ	35.18±0.01c	20.65±0.00a	1.48±0.01e	28.74±0.00a	39.48±0.12ab	46.46±0.04a	6.36±0.00d
加益生康	32.49±0.02e	19.78±0.06bc	2.50±0.03c	21.31±0.03ce	33.71±0.01de	36.94±0.03e	8.80±0.06a

注：同列比较，标有相同小写英文字母表示差异不显著($P>0.05$)，有不同小写英文字母表示差异显著($P<0.05$)。

106. 怎样利用苜蓿青贮饲料

苜蓿青贮后，因为时间正好在气候温暖时期，所以需要15～20天的时间就能发酵好，可以开窖饲喂。有腐臭味的贮料不能饲用。青贮料当天取出，当天喂完，取完贮料后把取料的截面盖好，小型窖池同时把窖口盖严，防止二次发酵。初喂家畜时,用量不易过大,应逐渐增加饲喂量。怀孕母畜后期不易多喂。

苜蓿青贮饲料制成后,饲喂量可参照青鲜苜蓿饲喂量,家畜对青贮饲料逐步适应后,喂量可达到青鲜苜蓿饲喂量的50%~80%。每头(只)畜禽每天苜蓿青贮饲料适宜的饲喂量是:泌乳奶牛及育肥期肉牛15~25公斤;干乳期奶牛和架子牛10~15公斤;马、驴、骡8~10公斤;绵羊2~3公斤;山羊1.5~2.5公斤;小尾寒羊2.5~4公斤;繁殖母猪3~5公斤;架子猪1.5~3公斤;成年公猪3~4公斤;鸡、鸭、鹅100~400克。

赤峰市林西县新城子镇奶牛养殖户任启东2007年7月青贮苜蓿20万公斤,苜蓿的生育期处于盛花期末,每头泌乳奶牛日饲喂量为10公斤,饲喂苜蓿青贮后,每头牛少喂精料1.5公斤,产奶量基本不变,但乳脂率和乳蛋白含量均高于不喂苜蓿的牛奶。

107. 禾草适宜收获期及其含水量有何要求

北方大部分地区栽培的禾本科牧草至少可收获两茬草,禾草适宜的收获期为孕穗期或抽穗期至开花初期。在赤峰市林西县栽培的林西直穗鹅观草、垂穗披碱草、无芒雀麦等几种禾草,孕穗期收获第一茬草,收获时间一般在6月中旬;开花初期收获第一茬草,收获时间在6月下旬。第二茬牧草收获时间均在9月中旬。自然状态下测定其孕穗期和开花期第一茬和第二茬牧草的含水量,孕穗期第一茬牧草含水量在69.79%~72.20%;第二茬牧草含水量在51.04%~60.32%。开花期第一茬牧草的含水量在66.43%~

70.32%；第二茬牧草含水量在53.23%～60.0%。第一茬牧草可进行常规青贮,第二茬牧草进行低水分青贮。

108. 如何选择禾草青贮方法

禾草由于草质柔软,含糖量较高,含水量适中,所以适合用窖池青贮、塑料袋青贮和裹包青贮;可将原料切短青贮或整株青贮;还可与苜蓿等豆科牧草混贮。

禾草青贮方法和工艺流程与玉米青贮、苜蓿青贮基本相同。

109. 禾草青贮的注意事项有哪些

由于禾草草质较柔软,所以切短的长度为5厘米左右;第二茬牧草青贮,可调节水分含量至65%左右,亦可直接进行半干青贮;与苜蓿等豆科牧草进行混贮效果更好。

110. 常见青贮灌木和半灌木原料有哪些

我国北方常见的灌木饲用植物主要有锦鸡儿、山竹岩黄芪、驼绒藜、尖叶胡枝子、达乌里胡枝子等种类,均可调制青贮饲料,但是由于上述灌木木质素和粗纤维含量高,需经过适当的加工后再进行青贮。其中尖叶胡枝子、达乌胡枝子属小灌木,叶量丰富,茎秆较柔细,粗纤维含量低,经过切短,是制作优质青贮饲料的原料;小叶锦鸡儿蛋白质含量较高,经过揉碎后青贮效果也比较好;山竹岩黄芪老枝条粗硬,叶量少,经揉碎制作的青贮饲料采食量较低;驼绒藜由于含有异味,植株上生长较多的刺毛,青贮后适口性仍然比较差,调制干草或加工成草粉效果更好,一般不做青贮饲料。山竹岩黄芪、锦鸡儿等木质化程度较高的灌木类饲用植物,在青贮时选择当年生长出的枝条为好。

111. 如何收获灌木和半灌木青贮原料

尖叶胡枝子和达乌里胡枝子在孕蕾期至开花期收割;锦鸡儿在春季返青前约 4 月末收获,或在夏末秋初种子成熟后收获,秋季收获要等当地雨季过后收割,防止雨淋后植株死亡。锦鸡儿生长 2~3 年后可收割制作青贮饲料,生长 10~20 年的锦鸡儿要在春天用割灌木机平茬,秋天既可收获再生的植株制作青贮饲料,以后每年在春季或秋季收获;山竹岩黄芪和驼绒藜老植株平茬后每年均可收获利用。山竹岩黄芪在孕蕾前收割,驼绒藜在分枝期植株高度达到 60 厘米以上收割。

112. 灌木和半灌木青贮加工方法有哪些

锦鸡儿、山竹岩黄芪等较老枝条用大功率揉碎机揉碎,春季平茬后秋季生长的枝条较细嫩,切碎青贮效果更理想。尖叶胡枝子、达乌里胡枝子、山竹岩黄芪、驼绒藜等揉碎后青贮,其中尖叶胡枝子和达乌里胡枝子也可切碎后青贮。

113. 适合灌木和半灌木青贮的含水量是多少

锦鸡儿春季收获含水量在 35%~40%,在青贮时加入 1% 的盐水调制到 50%~60%,可以在青贮时加入"采禾"青贮型发酵剂,每吨鲜草加 0.5 公斤"采禾"发酵剂。秋季收获的锦鸡儿含水量为 48.32%,含水量较低,可进行半干青贮或加少量 1% 盐水。孕蕾期的山竹岩黄芪含水量为 60.53%,分枝期驼绒藜含水量为 69.13%,开花期尖叶胡枝子和达乌里胡枝子含水量分别为 62.23% 和 61.02%,含水量适中,揉碎后可直接进行青贮。

114. 灌木和半灌木青贮效果如何

灌木青贮效果比较好,经过青贮发酵后,大部分种类的粗蛋白质和粗脂肪含量高于原料;粗纤维含量降低,山竹岩黄芪原料与青贮料含量则相当。

表22 4种灌木类饲用植物原料及青贮料的营养成分对比

(单位:%)

灌木种类		粗蛋白	中性洗涤纤维	酸性洗涤纤维	粗脂肪	粗灰分
中间锦鸡儿	原料	14.22	64.18	52.08	2.00	5.62
	青贮料	15.03	58.01	50.57	2.65	3.01
尖叶胡枝子	原料	13.63	64.41	56.84	2.42	3.33
	青贮料	14.09	66.21	52.31	2.73	4.47
华北驼绒藜	原料	14.14	67.21	49.95	2.37	5.25
	青贮料	12.50	64.22	42.49	2.51	6.72
山竹岩黄芪	原料	10.10	62.64	55.02	2.04	3.31
	青贮料	10.69	71.26	60.42	1.78	3.98

灌木青贮时加入青贮发酵剂或纤维素酶后发酵的效果好于常规方法青贮,感官和气味评价好。

表23 4种灌木类饲用植物青贮饲料感官评定

灌木种类	处理	pH值	感官				总分
			气味	色泽	质地	水分	
中间锦鸡儿	对照组	3.75(18)	酸香味(20)	亮黄色(18)	松散(10)	69.21(20)	86
	青宝Ⅱ号	3.68(20)	酸香味(23)	亮黄色(20)	松散(10)	68.93(20)	93
	采禾	3.87(17)	酸香味(21)	亮黄色(20)	松散(10)	69.57(20)	88
	纤维素酶	3.64(21)	酸香味(23)	亮黄色(20)	中间(7)	70.10(20)	91
尖叶胡枝子	对照组	4.24(8)	水果香味(25)	浓绿色(20)	松散(8)	71.48(19)	80
	青宝Ⅱ号	4.14(10)	水果香味(25)	浓绿色(20)	松散(8)	71.34(19)	82
	采禾	4.18(10)	水果香味(25)	浓绿色(20)	松散(8)	71.16(19)	82
	纤维素酶	4.12(10)	水果香味(25)	浓绿色(20)	松散(8)	71.57(18)	81
华北驼绒藜	对照组	3.69(20)	淡酸味(17)	浅黄色(15)	松散(10)	71.65(18)	78
	青宝Ⅱ号	3.77(18)	甘酸味(18)	浅黄色(15)	松散(10)	71.73(18)	79
	采禾	3.42(25)	甘酸味(18)	浅黄色(15)	松散(10)	70.88(19)	87
	纤维素酶	3.40(25)	甘酸味(18)	浅黄色(15)	松散(10)	72.42(18)	86
山竹岩黄芪	对照组	4.43(5)	淡酸味(14)	浅褐黄色(8)	松散(9)	69.46(20)	56
	青宝Ⅱ号	4.32(7)	淡酸味(15)	浅褐黄色(9)	松散(9)	69.82(20)	60
	采禾	4.39(7)	淡酸味(15)	浅褐黄色(9)	松散(9)	69.70(20)	60
	纤维素酶	4.26(7)	淡酸味(15)	浅褐黄色(9)	松散(9)	70.03(20)	60

表24 不同添加剂对4种灌木类饲用植物青贮饲料营养成分的影响

灌木种类	处理	粗蛋白	中性洗涤纤维	酸性洗涤纤维	粗脂肪	粗灰分
中间锦鸡儿	对照组	15.03	58.01	50.57	2.65	3.01
	青宝Ⅱ号	16.17	59.20	51.26	2.43	4.67
	采禾	15.97	58.17	51.65	2.30	5.25
	纤维素酶	16.26	55.10	47.27	2.45	5.32

续表

灌木种类	处理	粗蛋白	中性洗涤纤维	酸性洗涤纤维	粗脂肪	粗灰分
尖叶胡枝子	对照组	14.09	66.21	52.31	2.73	4.47
	青宝Ⅱ号	13.85	66.02	53.66	2.69	5.16
	采禾	13.66	65.23	53.06	2.81	4.56
	纤维素酶	15.12	65.68	52.28	2.34	4.52
华北驼绒藜	对照组	12.50	64.22	42.49	2.51	6.72
	青宝Ⅱ号	15.14	66.18	43.54	2.24	7.33
	采禾	14.22	65.18	44.61	2.29	6.96
	纤维素酶	14.65	64.46	43.03	2.32	7.33
山竹岩黄芪	对照组	10.69	71.26	60.42	1.78	3.98
	青宝Ⅱ号	11.34	68.61	57.28	1.86	3.92
	采禾	11.21	70.87	58.99	2.51	3.82
	纤维素酶	10.30	69.26	57.27	2.10	3.81

115. 制作灌木和半灌木青贮设施有哪些

青贮设施主要有青贮窖、青贮壕、青贮塔、地面青贮设施、青贮袋及拉伸膜裹包青贮等。

116. 调制灌木和半灌木青贮的技术有哪些

(1)青贮前准备 青贮原料入窖前,应彻底清扫和修补青贮设施,使其保持清洁完好。如果是土窖其四周应该铺垫塑料薄膜,防止土壤中有害微生物侵染青贮饲料。同时,青贮前对割草机进行检修和试机。

（2）青贮原料刈割　孕蕾后期至开花期刈割原料,将其含水量调至 60%～70%。将原料切碎后,握在手中感到湿润,但不滴水较为适宜。

（3）青贮原料切碎　通常用切碎机将原料切成 1～2 厘米的小段,也可用揉搓机进行揉碎。

（4）青贮饲料的装填含水量判断　将切碎的原料用手握后可成形,并有大量汁液渗出,含水量超过 75%,若有很少汁液渗出,含水量约为 70%～75%;若握在手中感到湿润,且无汁液渗出,松手后缓慢散开,含水量约为 60%～70%;若迅速散开,含水量低于 60%。

水分调整　切短的原料应立即装填入窖,装填的原料若含水量不足 60% 时,要及时加水,并与原料搅拌均匀;若含水量过高时,要混合一些干饲料如草粉、糠麸、秸秆粉等,把含水量调整到适宜水分,调节水分后,再测定含水量。

装填与压实　在装填原料时,要分层装填,分层踩实压紧。中小型窖可人工踩实,大型窖可用履带式或轮式拖拉机反复压实,特别要用人工将四周及四个角落踩实。

青贮原料装填过程应尽量缩短时间,小型窖应在 1 天内完成,中型窖 2～3 天,大型窖或壕 3～5 天,未完成填装时,每天工作结束后应压实并用塑料膜覆盖在表层。

密封与覆盖　青贮原料装满压实后,使原料高出窖口 50 厘米,长方形窖做成鱼脊背式,圆形窖做成馒头状,并用铁锨拍实,盖一层细软的青草或麦秸,再盖一层塑料膜,然后上压重物或铺盖 20～30 厘米厚的湿土踩实封严。

（5）袋装青贮　将收割好的新鲜牧草揉碎后,装入塑料袋内,封好口后,放置在干燥和取用方便处。

(6)拉伸膜青贮　用打捆机高密度压实打捆,然后用裹包机把打好的草捆用青贮拉伸膜裹包起来,运回固定地点贮藏。

(7)混合青贮　尖叶胡枝子为豆科牧草,属小灌木,蛋白质含量相对较高,孕蕾至开花期含量为12.84%～15.08%,同时,枝条基部木质化程度较高,为提高青贮质量和成功率,可与禾草、天然牧草等混贮,以达到预期效果。

117. 灌木和半灌木青贮贮后管理应注意什么

青贮窖密封后,应随时检查设施有无变形裂缝,若发现异常要及时修补。

(1)窖(塔)贮后管理　经过一段时间的青贮发酵,贮料会下沉,要注意管理窖口,如果出现裂缝要及时填土,保证窖口密封不透气、不漏水。随时检查窖(塔)顶覆土密封及露在地面上的窖壁有无裂缝塌陷,若发现应及时修补,顶部若有积水应及时排除。青贮窖(塔)的四周应设置排水沟。

(2)袋装青贮　应严防家畜践踏、老鼠和鸟的侵害,及时修补漏洞,以防透气和雨水渗漏浸泡。

(3)青贮饲料发酵时间　一般青贮原料经30～40天发酵后就可饲喂。饲喂时分层分段取料,取出料后应立即盖好密封,以防空气进入,发生霉变。取出的料当天喂完为宜。

118. 灌木和半灌木青贮饲料品质鉴定的方法有哪些

(1)鉴定方法首先要采取正确的取样方法和检验方法。

抽样:在青贮塔或窖等青贮容器的顶端或开口处取样,从表层30～50厘米以下剖面处按米字型分五点以上抽样,每点抽取1公斤为试验样品,装入玻璃瓶或塑料袋密封后避光保存。袋装青贮抽样数应不少于3次重复。

检验方法:感观指标采用观、闻、搓进行检验,并按前面综述的评定方法进行检验;粗蛋白质、中性洗涤纤维和酸性洗涤纤维可按前面综述的检测方法在实验室中检测;酸度测定在实验室用玻璃电极酸碱度测定或在室外现场用"精密pH值试纸"测定。

(2)质量分级一般有感官评定和营养成分评定两种

感官指标:根据尖叶胡枝子青贮饲料的气味、色泽、结构等指标进行评定。感观指标评分在三级以上为合格品。各项质量分级指标均在同一级别时,直接定级。如单项质量分级指标不在同一等级时,以最低的单项等级作为青贮饲料的等级。三级以上均为合格品,低于三级或感观指标评分低于5分,则判定为不合格(表25)。

表25 感官指标

项目	评分标准	分数
气味	无丁酸臭味,有芳香果味或明显的面包香味	14
	有微弱的丁酸臭味,或较强的酸味、芳香味弱	10
	丁酸味颇重,或有刺鼻的焦烟臭或霉味	4
	有很强的丁酸臭或氨味,或几乎无酸味	2
结构	茎叶结构保持良好	4
	叶片结构保持较差	2
	茎叶结构保存极差或发现有轻度霉菌或轻度污染	1
	茎叶腐烂或污染严重	0

续表

项目	评分标准			分数
色泽	与原料相似,烘干后呈绿色或茶绿色			2
	略有变色,呈茶色或黄褐色			1
	变色明显,墨绿色或黄色,呈较强的霉味			0
总分	16～20	10～15	5～9	0～4
等级	一级(优良)	二级(良好)	三级(合格)	四级(不合格)

营养指标:青贮饲料以粗蛋白、中性洗涤纤维和酸性洗涤纤维及酸度为营养指标,各项指标应符合表26的规定。

表26 营养指标

项目	一级	二级	三级
粗蛋白(%)	≥13.0	11.0～12.9	≤10.9
中性洗涤纤维(%)	≤60.0	60.1～65.9	≥66.0
酸性洗涤纤维(%)	≤45.0	45.1～50.9	≥51.0
酸度(pH)	≤4.3	4.4～4.9	≥5.0

注:营养指标含量以100%干物质为基础计算

119. 甜菜渣青贮原料特点与来源有哪些

甜菜渣营养价值较高,1公斤甜菜渣(干物质)相当于0.8公斤玉米,湿甜菜渣含水量达到80%左右,干物质中含粗蛋白质7.8%,无氮浸出物66.2%,粗脂肪0.7%,粗纤维22.6%,粗灰分4.3%。由于甜菜渣中含有大量水分,蛋白质和无氮浸出物含量较高,因此是奶牛和肉牛的优质粗饲料。据资料显示,饲喂甜菜渣可使奶牛保持高产、稳产性能。一般制糖厂生产的甜菜渣经过二次脱水后,含水量为76%左右,每立方米重量为1020~1030公斤;赤峰地区甜菜收获后进行加工生产出甜菜渣一般在10月份,打粮玉米秸秆10月份含水量在36%~46%之间,平均按40%计,每立方米重量为330公斤。

120. 如何选择甜菜渣青贮方法

生产实践中,甜菜渣大量应用时含水量过高,不方便储存,容易腐烂变质,因此,进行甜菜渣单贮或与干秸秆、半干秸秆或牧草等进行混合青贮,可解决长期保存问题,并有利于提高其适口性和秸秆的利用率。甜菜渣单贮技术比较简单,按常规青贮方法将甜菜渣直接装填入窖压实封严即可。混合青贮要了解和掌握好青贮原料的含水量。

121. 甜菜渣青贮原料混合比例是多少

甜菜渣65%+半干玉米秸(叶片干燥,茎秆含水40%)35%;甜菜渣75%+干玉米秸(麦秸或牧草含水量30%以下)25%;甜菜渣60%+锦鸡儿灌木(含水量45%左右)40%。上述3种原料混后含水量分别为66%、67.5%和66%。

122. 甜菜渣青贮装窖的方法是什么

将秸秆切碎,长2~3厘米,或揉碎,与甜菜渣混合均匀装窖,操作过程与玉米秸青贮一样,每装填20~30厘米,踩实,装满后让贮料高出窖口50厘米后覆盖,或每装一层30厘米左右厚度的甜菜渣,再装 30 厘米左右的秸秆或牧草,踩实,封好窖。据生产实践经验,相同体积的甜菜渣和秸秆的重量比例正好在 70% 左右,总体积中的原料含水量在 65%～70% 范围内。

123. 如何利用甜菜渣青贮

混合青贮完成后,需 20～30 天的时间就可开窖饲喂,加入"采禾"青贮型发酵剂,可提前 7～10 天发酵好。初喂泌乳奶牛或肉牛时,用量不易过大,应逐渐增加饲喂量。有腐臭味的贮料不能饲用。青贮料当天取出,当天喂完,取完贮料后把窖盖严,防止二次发酵。

混合青贮饲料制成后,奶牛对青贮饲料逐步适应后,饲喂量一般为 10～20 公斤/(头·日)。可与玉米青贮饲料搭配饲喂,也可单独饲喂。在大量应用时,由于甜菜渣中缺少磷、B 族维生素、胡萝卜素和维生素 D 等,饲喂过程中要注意补充这些物质。

124. 玉米秸秆青贮的特点是什么

我国北方大部分农区或半农半牧区是玉米的主产区,因此每年生产大量的打粮玉米秸秆,成为畜牧业的一项重要的饲草来源,但长期以来,在利用大量的玉米秸秆时,有 20% 左右整株饲喂,损失率达 70%～80%,60% 左右切碎饲喂,利用率提高,另有 20% 左右进行半干青贮或加入添加剂后青贮或加入微生物发酵剂处理后微贮。经过青贮或微贮,可大大提高其利用率和适口性,提高养殖业的生产效益。

125. 如何选择玉米秸秆青贮方法

由于打粮玉米秸秆含水量低,一般采用青贮或半干青贮方法。实践中收获时玉米秸秆叶片干燥,茎秆呈青绿色,此时含水量约在50%左右,可采用半干青贮,直接切碎装窖。如果由于玉米品种生育期长,成熟稍晚、气候干旱、初霜早或收获籽实后没及时收获秸秆青贮等因素影响,秸秆含水量较低时,可加入水,将水分调节到常规青贮的含水量65%左右,进行常规青贮。对于未及时收获的玉米秸秆,具体时间在10月份以后,则应该添加高活性的微生物发酵菌种进行微贮。

126. 玉米秸秆适时收获时期是什么时候

一般情况下,粮草兼用型玉米品种的生育期稍长,可在蜡熟初期收获,既不影响籽实产量,又可保持秸秆在青绿状态下收获,不影响青贮。专用的打粮玉米由于生育期相对较短,籽实成熟较早,要及时观察玉米成熟时间,到蜡熟期或完熟期及时收获籽实,同时及时收获秸秆。生产实践中,为及时趁秸秆青绿时收获,先将玉米穗带皮掰回,然后尽快收割秸秆,尽快拉回,及时切碎,及时装窖。

127. 如何调节玉米秸秆含水量

玉米秸秆含水量低时,需要加入水调节水分含量。由于打粮玉米秸秆含糖量较低,加入水量要适当,加入水后,贮料的含水量应控制在65%以下。

计算加入水量:首先测定原料的含水量,将原料切碎,取1公斤左右称重,然后晾干或烘干称重,鲜干之差即视为水分含量。计算水分百分比:

含水量(%)=(原重－干重)/原重×100%。

调节水分后贮料的含水量定为65%。

每100公斤原料加入水量=(65－原料含水量)/0.35。

实际操作过程中,用小容器测出切碎原料的容重,换算成每立方米的重量,即:

每立方米原料重量=1/小容器体积×小容器所装原料重量

然后计算单位体积(压实后30厘米深度的体积)加入水量,计算方法:

方形、长方形窖池或青贮壕:

单位体积原料加水量=长×宽×30厘米×每立方米原料重量×每100公斤加水量

圆形窖:

单位体积原料加入水量=半径×半径×3.14×30厘米×每立方米原料重量×每100公斤加水量

每装填30厘米(压实后)的贮料,均匀洒入定量的水。或边装料边洒水,直至到预定高度,在一定体积内洒入定量的水。

128. 如何添加玉米秸秆青贮添加剂

玉米秸秆青贮时,由于原料含糖量低,可加入玉米粉、食盐或"采禾"发酵剂,玉米粉按每100公斤原料加0.5公斤,食盐按0.5%添加;进行半干青贮时,可直接撒入食盐;进行青贮加水时可将食盐溶化在水中；秸秆处于青绿状态时，可加入"采禾"青贮型发酵剂，秸秆含水量较低或调制干秸秆时可加入"采禾"微贮型发酵剂。

129. 秸秆混贮的方法是什么

打粮玉米秸秆可与甜菜叶、甜菜渣、专用青贮玉米等混贮，效果会更好，含水量与混合比例可参照第119和121问。

参 考 文 献

[1] 胡坚. 饲料青贮技术. 北京：金盾出版社，2002.
[2] 玉柱，杨富裕，周禾. 饲料加工与贮藏技术. 北京：中国农业科学技术出版社，2003
[3] 刘禄之. 青贮饲料的调制与利用. 北京：金盾出版社，2004.
[4] 农业部农业机械管理司. 牧草生产与秸秆饲用加工机械化技术. 北京：中国农业科学技术出版社，2005.
[5] 孙启忠，玉柱，赵淑芬. 紫花苜蓿栽培利用关键技术. 北京：中国农业出版社，2008.
[6] 韩建国，马春晖. 优质牧草的栽培与加工贮藏. 北京：中国农业出版社，1998.